JN195706

復刊

無限大の魔術

数学の芸術性

石谷 茂 著

血 現代数学社

まえがき

　「よく，まあ，何十年もあきずに数学をやっていますね」と，尊敬とも笑いともつかない言葉に接することがある．「記号づくめの数学のどこがおもしろいのか」という素直な疑問と受けとれないこともない．

　数学にとって記号は，内容というよりは方法というべきだろう．記号は数学の内容を適確に表現し，数学の研究を容易にするための用具で，自国語を第一言語，外国語を第二言語とみれば，記号は第三の言語であって，人類にとって，もっとも普遍的な言語といえそうである．

　この第三言語の底を音もなく流れているのが数学の内容である．数学の魅力，おもしろさは，記号表現の巧みさもさることながら，つきつめれば，底流としての内容にある．

　地上を歩むわれわれにとって，地下水は姿なく音なき流れである．かつて十勝岳の噴火口をめざし，あえぎながら登っていたとき，ふと耳にした地底の水の音を，いまも忘れない．その神秘な大地のささやき，私はわれを忘れ，耳を大地にあて，しばし動こうとしなかった．

　数学の魅力とはそんなものであろうか．その魅力を，私はあえて数学の芸術性と呼んでみた．たしかにキザッポクはあるが，本書によって，この気持を少しでも理解して項けたら，私としてはこの上ない幸福である．

　初歩的数学の中にも，本書で取り挙げたような魅力ある内容は，みち溢れていよう．それをみつけ出し，自分自身の耳で確める．それが，「哲学とは哲学すること」にあやかるなら「数学とは数学すること」となろう．本書の願いはそこにある．

昭和 49 年 7 月 10 日

　　　　　　　　　　　　　　　　　　　石谷　茂

目　次

1. ある恒等式をめぐりて 5
　　この式の特徴をみる 5
　　文字が実数のとき 9
　　文字が複素数のとき 10
　　文字がベクトルのとき 15

2. Lagrange の等式と空間 19
　　ピタゴラスの定理の一般化 20
　　ラグランジュの等式との関係 27
　　ベクトルの外積への道 28

3. De Morgan の法則の正体 33
　　集合の場合 33
　　論理の場合 34
　　max, min の場合 35
　　G.C.M. と L.C.M. の場合 36
　　ド・モルガンの法則の一般化 37

4. 対称的と交代的 43
　　対称式と交代式 43
　　偶関数と奇関数 48
　　共役複素数と実数，純虚数 50
　　対称行列と交代行列 51
　　整合化は数学の使命 55
　　特殊な交代関数について 58

5. 無限大の魔術 61
　　無限大のとらえ方 63
　　2次曲線のパラメータ表示と ∞ 71

　　無限遠点の合理的想定 ································ *75*

　　射影平面の構成　*81*

　　射影平面上の 2 次曲線 ···························· *83*

6.　拡張の原理 ·· *91*

　　はじめに加群ありき ······························ *94*

　　倍拡張のアウトライン ···························· *96*

　　出発駅としての自然数倍 ·························· *97*

　　整数倍への拡張 ·································· *101*

　　有理数倍への拡張 ································ *107*

　　実数倍への拡張 ·································· *109*

　　乗法における指数の拡張 ·························· *112*

7.　解くは作るの逆操作 ······························ *117*

　　基礎になる漸化式 ································ *118*

　　等比数列の 1 次結合 ······························ *120*

　　3 階漸化式の解法の探究 ·························· *125*

　　連立化への道の開拓 ······························ *128*

8.　作ると解くの共存路線 ···························· *135*

　　連立漸化式を作る ································ *138*

　　逆操作によって解く ······························ *141*

　　再び連立漸化式を作る ···························· *144*

　　再び逆操作によって解く ·························· *145*

　　まとめれば ···································· *147*

9.　冒険からの収穫 ·································· *149*

　　負の整数乗への拡張 ······························ *153*

　　分数乗への拡張 ································ *157*

　　解析学による検証 ································ *159*

1. ある恒等式をめぐりて

ある式の内容は，その中の文字がどんな数を表わすか，つまり，どんな空間の中でみるかによって異なるものである．そんな例として，簡単な恒等式

$$(a-b)(c-d)+(b-c)(a-d)$$
$$+(c-a)(b-d)=0$$

を取り挙げてみる．

これが恒等式であることは，中学生でも，バラバラに展開して証明できよう．この平凡な等式に，どんな幾何学的意味がかくされているか．それを探るのが今回の課題である．

▨ この式の特徴をみる

この等式の左辺は4文字について多項式で，しかも，4文字について全く平等である．この事実は式を見ただけでは分るまい．1つの文字について整理してみると鮮明に浮び上るから不思議である．

たとえば，d について整理してみよ．

$$(\boldsymbol{d}-a)(b-c)+(\boldsymbol{d}-b)(c-a)$$

$$+(\boldsymbol{d}-c)(a-b)=0$$

左辺の3つの式は, a, b, c についてサイクリックにできている. このことは他の文字についても同じこと. たとえば a について整理すると

$$(\boldsymbol{a}-b)(c-d)+(\boldsymbol{a}-c)(d-b)$$
$$+(\boldsymbol{a}-d)(b-c)=0$$

となって, 左辺の3つの式は b, c, d についてサイクリックである.

$$\times \qquad\qquad \times$$

方針をかえ, 4文字についての置換との関係に焦点を当ててみる.

4文字の置換は全部で

$$4!=24$$

あって, そのうちの半分は**奇置換**で, 残りの半分は**偶置換**である. 偶置換の方は, 幾何学的にみれば正四面体の合同変換である. 正四面体には中心がある. その中心O を動かさない回転のうち, 正四面体を自分自身に重ねるものがこの偶置換と一致し, **正四面体群**という. 正四面体の頂点を a, b, c, d とし, これらの合同変換を巡回置換で表わしてみよう.

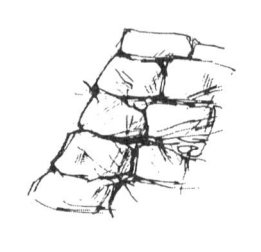

d を通る直線を軸とする回転

(abc) 　　　(acb)

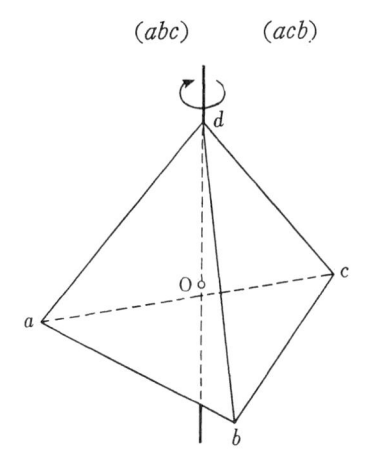

　(abc) は $\dfrac{2\pi}{3}$ の回転を，(acb) は $\dfrac{4\pi}{3}$ の回転を表わす．(abc) は $(ab)(ac)$ に，(acb) は $(ac)(ab)$ に等しいからあきらかに偶置換である．

　同様の回転は頂点ごとに2つずつあるから，全体では8つある．

　正四面体には，このほかに，1組の対辺の中点を通る直線を軸とする回転が3つある．

$(ab)(cd)$ 　$(ac)(bd)$ 　$(ad)(bc)$

　これらのうち，たとえば $(ab)(cd)$ は，辺 ab cd の中点を通る直線を軸とする π の回転である

　先の恒等式の左辺

$$P=(a-b)(c-d)+(b-c)(a-d)$$
$$+(c-a)(b-d)$$

に，以上の置換を行うとどうなるか．

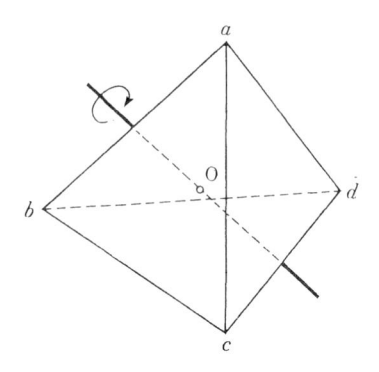

　置換 (abc) を行えば，項の順序が変わるだけである．このことは (acb)，(abd) などの 8 つの置換についていえる．

　次に $(ab)(cd)$ を行ってみると，P の中の 3 つの式は全く変わらない．他の 2 つの置換についても同じこと．つまり，P の中の 3 つの式は，恒等置換 e を含めた 4 つの置換

$$e,\ (ab)(cd),\ (ac)(bd),\ (ad)(bc)$$

の不変式である．この 4 つの置換の集合は，合成に関し群をなし，**クライン群**と呼ばれている． P がクライン群に関し不変な 3 つの式の和であるとは興味深い．

×　　　　　　　　　　×

　P が恒等的に 0 になることは，以上の事実を考慮しながら展開してみると，式が構造的につかめて，見透しを一層よくしよう．

　たとえば (abc) について不変であることを考慮するなら，d について整理しながら展開することになろう．

$$P = \{(a-b)c + (b-c)a + (c-a)b\}$$

$$-\{(a-b)+(b-c)+(c-a)\}d$$
$$=0-0\cdot d=0$$

　一方 $(ab)(cd)$ などについて不変式から成ることを考慮するとすれば，次の展開がしっくりしよう．

$$P=\{(ac+bd)-(ad+bc)\}$$
$$+\{(ab+cd)-(ac+bd)\}$$
$$+\{(ad+bc)-(ab+cd)\}=0$$

　　　　　　$\times$　　　　　　　$\times$

　このほかに，互換による見方もある．たとえば P に互換 (ab) を行ってみると，符号だけ変わるから，P は a,b についての**交代式**で $a-b$ を因数にもつ．このことは，どの2文字についてもいえるから

$$P=k(a-b)(a-c)(a-d)(b-c)$$
$$\times(b-d)(c-d)$$

と表わされるはず．$k\neq0$ とすると P が2次式であることに矛盾するから

$$k=0 \quad \text{よって} \quad P=0$$

となる．

　式の特徴をみるのはこれ位にして，この恒等式の幾何学的内容を読みとることにする．

▨ 文字が実数のとき

　4文字 a,b,c,d がすべて実数であったとすると，先の恒等式は何を表わすか．

　数直線上で，a,b,c,d を座標にもつ点をそれぞれ A, B, C, D としてみる．

$$\text{A}(a) \qquad \text{B}(b) \; \text{C}(c) \quad \text{D}(d)$$

有向線分について AB$=b-a$, CD$=d-c$ などとなるから,等式

$$\text{AB}\cdot\text{CD}+\text{BC}\cdot\text{AD}+\text{CA}\cdot\text{BD}=0$$

が成り立つ.

かきかえれば

$$\text{AB}\cdot\text{CD}+\text{AD}\cdot\text{BC}=\text{AC}\cdot\text{BD}$$

もし,4点 A, B, C, D がこの順にあったとすると, AB$=\overline{\text{AB}}$, CD$=\overline{\text{CD}}$ などとなるから

(1) $\overline{\text{AB}}\cdot\overline{\text{CD}}+\overline{\text{AD}}\cdot\overline{\text{BC}}=\overline{\text{AC}}\cdot\overline{\text{BD}}$

これは高校生にも親しまれている等式で,**オイラーの定理**と呼ばれている.

▨ 文字が複素数のとき

4文字が複素数であったらどうか.当然ガウス平面上で,幾何学的意味を読みとることになる.この空間はユークリッド平面と同じだから,ユークリッド幾何的内容が出るはず.

複素数であることをはっきりさせるため,a, b, c, d を $\alpha, \beta, \gamma, \delta$ にかきかえる.

$$(\alpha-\beta)(\gamma-\delta)-(\gamma-\beta)(\alpha-\delta)$$
$$=(\gamma-\alpha)(\delta-\beta)$$

両辺の絶対値をとって

$$|(\alpha-\beta)(\gamma-\delta)-(\gamma-\beta)(\alpha-\delta)|$$
$$=|(\gamma-\alpha)(\delta-\beta)|$$

ところが，一般に，複素数 z_1, z_2 については不等式 $|z_1|+|z_2|$
$\geqq|z_1-z_2|$，等式 $|z_1 z_2|=|z_1||z_2|$ が成り立つから

$$|\alpha-\beta|\cdot|\gamma-\delta|+|\gamma-\beta|\cdot|\alpha-\delta|\geqq|\gamma-\alpha|\cdot|\delta-\beta|$$

そこで $\alpha, \beta, \gamma, \delta$ を座標にもつ点をそれぞれ A, B, C, D と
すると

(2)　$\overline{AB}\cdot\overline{CD}+\overline{AD}\cdot\overline{BC}\geqq\overline{AC}\cdot\overline{BD}$

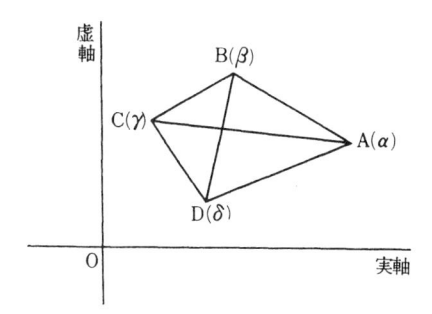

> **定理1**
>
> 　平面上の相異なる 4 点を A, B, C, D とすれば
>
> $$\overline{AB}\cdot\overline{CD}+\overline{AD}\cdot\overline{BC}\geqq\overline{AC}\cdot\overline{BD}$$
>
> が成り立つ．

　この不等式で興味があるのは，等号が成り立つ場合である．
等号が成り立つのは，

$$z_1=(\alpha-\beta)(\gamma-\delta)$$
$$z_2=(\gamma-\beta)(\alpha-\delta)$$

とおくと，$|z_1|+|z_2|\geqq|z_1-z_2|$ において等号が成り立つ場合
である．それは次の図から想像できるように，P, O, Q がこの
順に 1 直線上にあるとき，すなわち $\overrightarrow{OP}, \overrightarrow{PQ}$ が共線で，かつ

反対向きのとき，すなわち $z_1 = kz_2$ をみたす負の数 k がある
と

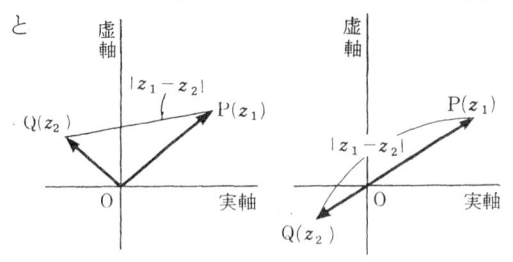

きに限る．これを偏角でみれば

$$\arg z_1 \equiv \arg z_2 + \pi \qquad (\mathrm{mod}\, 2\pi)$$
$$\arg(\alpha - \beta) + \arg(\gamma - \delta)$$
$$\equiv \arg(\gamma - \beta) + \arg(\alpha - \gamma) + \pi \qquad (\mathrm{mod}\, 2\pi)$$

かきかえると

$$\{\arg(\alpha - \beta) - \arg(\gamma - \beta)\}$$
$$+ \{\arg(\gamma - \delta) - \arg(\alpha - \delta)\} = (2n+1)\pi$$
$$(\overrightarrow{BA},\ \overrightarrow{BC}\ \text{の交角}) + (\overrightarrow{DC},\ \overrightarrow{DA}\ \text{の交角})$$
$$= (2n+1)\pi$$
$$\angle CBA + \angle ADC = (2n+1)\pi \qquad\qquad ①\ \bullet$$

ここで角は正負を区別している．

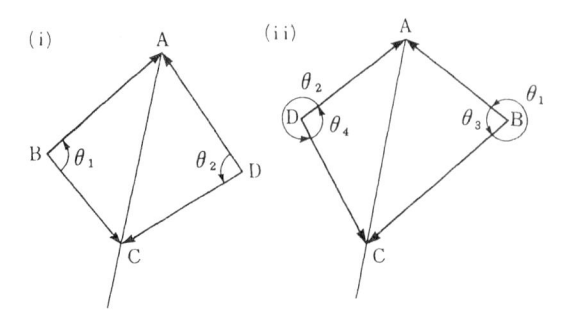

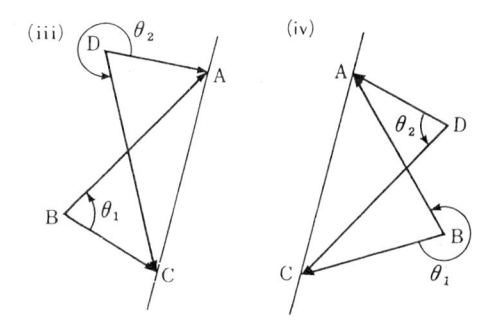

　さて B, D が直線 AC 上にないときを考えると, B, D は直線 AC に関し, 同側にあるか, 反対側にあるかのいずれかである.

$$\angle CBA = \theta_1, \quad \angle ADC = \theta_2 \quad (0 < \theta_1, \theta_2 < 2\pi)$$

とおくと, ①から

$$\theta_1 + \theta_2 = \pi, \; 3\pi \qquad\qquad ②$$

　(i)図のときは　$0 < \theta_1, \theta_2 < \pi$　だから

$$\theta_1 + \theta_2 = \pi$$

　(ii)図のときは　$\pi < \theta_1, \theta_2 < 2\pi$　だから

$$\theta_1 + \theta_2 = 3\pi$$
$$(2\pi - \theta_1) + (2\pi - \theta_2) = \pi$$
$$\theta_3 + \theta_4 = \pi$$

　(iii)図のときは　$0 < \theta_1 < \pi, \; \pi < \theta_2 < 2\pi$　だから $\pi < \theta_1 + \theta_2 < 3\pi$ となって②は不成立.

　(iv)図のときも(iii)と同様にして②は不成立.

　結局 (i), (ii) の場合だけが起き, このとき4角形 ABCD は円に内接する.

　B または D が直線 AC 上にあるときが残っている. このとき $0 \leqq \theta_1, \theta_2 < 2\pi$ とおく.

　Bが線分 AC 上にあるときは $\theta_1=\pi$, したがって②, および $0\leqq\theta_2<2\pi$ から $\theta_2=0$ となって,Dは線分 AC の延長上にあることがわかる.

　Bが AC の延長上にあったとすると, Dは線分 AC 上にある.

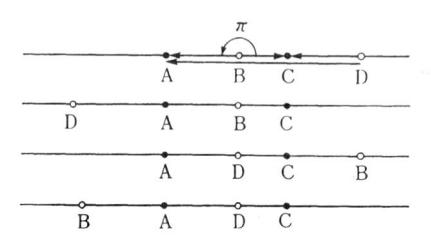

　結局 A,C と B,D は互に他を分ける関係にある. そこで次の結論に達した.

── 定理2 ──

　平面上の相異なる4点 A, B, C, D が

$$\overline{AB}\cdot\overline{CD}+\overline{AD}\cdot\overline{BC}=\overline{AC}\cdot\overline{BD}$$

をみたすときは, 4点は円に内接する4角形ABCDを作るか, または, 4点は1直線上にあって, A と C,B と D は互に他を分ける.

　この逆も真である.

　注　4点が円上にあるときも, 1直線上にある場合も, A と C,B と D は互に他を2等分するとまとめられる.

　この定理のうち,四角形 ABCD ができて, 円に内接する場合は, 有名な**トレミーの定理**である.

　4点が1直線上にある場合は, 前にあきらかにしたオイラーの定理そのものである.

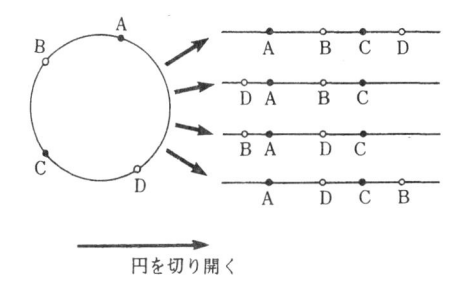

円を切り開く

▨ 文字がベクトルのとき

4文字 a, b, c, d がベクトルを表わすときは、どうなるだろうか。ベクトルは成分に分けなければ、次元には関係がなく表わせるから、3次元ベクトルとしておけば、一般的で、2次元の場合も、1次元の場合も包含される。

ベクトルであることを明確にさせるため、太字 a, b, c, d にかきかえておく。

$$(a-b)(c-d)+(b-c)(a-d)$$
$$+(c-a)(b-d)=0$$

乗法は内積を表わすとみよう。

位置ベクトルを考え、a, b, c, d を座標にもつ点をそれぞれ A, B, C, D とする。

$\times$ $\times$

A, B, C, D が4面体を作るとき
$a-b=\overrightarrow{BA}$, $c-d=\overrightarrow{DC}$ などであるから、もし

$$\overrightarrow{BA}\perp\overrightarrow{DC}, \quad \overrightarrow{CB}\perp\overrightarrow{DA}$$

ならば

$$(a-b)(c-d)=0, \quad (b-c)(a-d)=0$$

よって，上の恒等式から

$$(\boldsymbol{c}-\boldsymbol{a})(\boldsymbol{b}-\boldsymbol{d})=0$$
$$\overrightarrow{\mathrm{AC}}\perp\overrightarrow{\mathrm{DB}}$$

が導かれる．

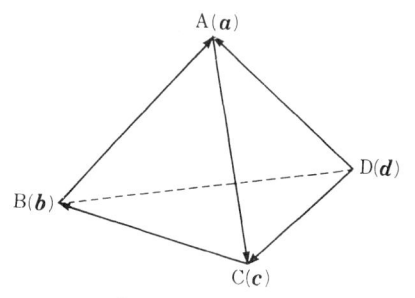

そこで，次の定理が得られた．

定理3

　4面体の2組の対辺が垂直ならば，残りの1組の対辺もまた垂直である．

　このように，3組の対辺が垂直である4面体を**直辺四面体**というのである．

　正四面体は直辺四面体の一種である．このほかに，1つの直三面角をもった次の四面体もそうである．

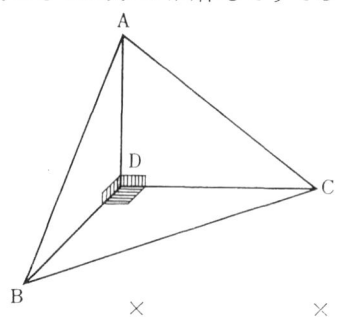

　四面体がつぶれて，4点が一平面上にあるようになった場合にも，先の推論はそのまま成り立つ.

　そこで，もし，3点 A, B, C が三角形を作るとすると，

$$\overrightarrow{BA}\perp\overrightarrow{DC},\ \overrightarrow{CB}\perp\overrightarrow{DA}\ \Rightarrow\ \overrightarrow{AC}\perp\overrightarrow{DB}$$

は，頂点から対辺にひいた3つの垂線は1点で交わることにほかならない.

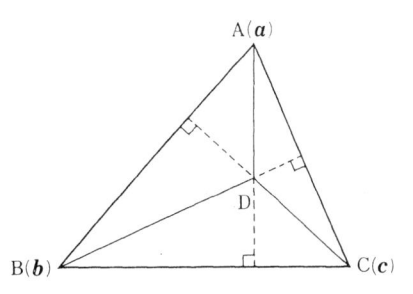

　遂に，次の定理も出た.

> **定理4**
>
> 　三角形の頂点から対辺にひいた3つの垂線は1点で交わる.

×　　　　　　×

　さて，複素数の場合にならって，絶対値をとったらどうなるだろうか. かきかえて

$$(a-b)(c-d)-(c-b)(a-d)$$
$$=(a-c)(b-d)$$
$$|(a-b)(c-d)-(c-b)(a-d)|$$
$$=|(a-c)(b-d)|$$

内積は実数だから，不等式 $|x_1|+|x_2|\geqq|x_1-x_2|$ によって，

$$|(a-b)(c-d)|+|(c-b)(a-d)|$$
$$\geqq |(a-c)(b-d)|$$

ここまでは複素数なみの変形ができたが，これから先で行き詰る．x y をベクトルト するとき，シュワルツの不等式

$$|x|\cdot|y|\geqq|xy|$$

が成り立つけれども，これを用いて，上の両辺を同時に書きかえると，大小関係は不明になり，残念ながら定理1を導けない．

×　　　　　　　×

　人それぞれ個性があるように，数にもそれぞれ個性があることを視覚的に把握できたのは収穫であった．

　ベクトルでは簡単にわかることが，複素数では容易でなかったり，その逆の場合もあった．数がかわれば，導かれる幾何学的内容も異なる．ということは，どんな空間に持ち込むかによって，ちがった内容をもつといういうこと．図形の研究が幾何学ではない．図形の入れものである空間の構造をみるのが幾何学だといわれている．われわれは，図形の代りに恒等式を空間にいれ，この事実の確証をにぎった．　図形をいろいろの 空間に いれると，どのように変わるだろう．そこにはもっと素晴しい数学の側面が展開されるかもしれない．

これまさに数学の芸術性と呼ぶにふさわしいもののように思われるが，次の機会を待とう．

2. Lagrange の等式と空間

ラグランジュの等式というのは，よく知られている次の等式のことである．

$$(x_1{}^2 + y_1{}^2)(x_2{}^2 + y_2{}^2)$$
$$= (x_1 x_2 + y_1 y_2)^2 + (x_1 y_2 - x_2 y_1)^2$$
$$(x_1{}^2 + y_1{}^2 + z_1{}^2)(x_2{}^2 + y_2{}^2 + z_2{}^2)$$
$$= (x_1 x_2 + y_1 y_2 + z_1 z_2)^2 + (x_1 y_2 - x_2 y_1)^2$$
$$+ (y_1 z_2 - y_2 z_1)^2 + (z_1 x_2 - z_2 x_1)^2$$

初歩的であるのに，これほど役に立つ等式も珍しいだろう．最も基本的な応用は，**コーシーの不等式**（シュワルツの不等式ともいう）の誘導である．

$$(x_1{}^2 + y_1{}^2)(x_2{}^2 + y_2{}^2) \geqq (x_1 x_2 + y_1 y_2)^2$$
$$(x_1{}^2 + y_1{}^2 + z_1{}^2)(x_2{}^2 + y_2{}^2 + z_2{}^2)$$
$$\geqq (x_1 x_2 + y_1 y_2 + z_1 z_2)^2$$

しかし，この不等式は，上の等式とは関係なく，実ベクトルを用いて導くこともできるから，この等式の応用の本命ではなさそうである．

ここでは，この等式の幾何学的意義について考えてみたい．

　数学は，意外なものどうしが意外
な形で結びつく．その意外性に気づ
いた瞬間，われわれは事物に内蔵す
る調和をみる．これを人は数学の芸
術性という．

　数学の芸術性は，数学の内容が高
いほど深い味があるように思うが，
そういってしまったのでは，われわ
れ庶民の近づく余地がふさがれよう．
低いところには低いなりの芸術性が
あろう．芸術性とは一つの驚きであ
り，その人の心構え，感受性との相

対関係において存在し，その人にとっては絶対的でもありう
る．今回の等式は，まあ，そんな気楽な気持ちで読んで頂こ
う．

×　　　　　　　×

　この等式は両辺が4次だから，平方に開けば2次，図形で
2次の量といえば面積．だから図形的量に関係があるとすれ
ば，面積との関係だろうとの予想が立つ．さて，実際はどう
か．

▨ ピタゴラスの定理の一般化

　ここで，グッと話題をかえ，ピタゴラスの定理の一般化に
目を向けてみよう．

　ピタゴラスの定理は直角三角形に関するものであるが，長
方形の2辺と対角線との関係とみれば，空間への一般化が容
易になり，直方体の3辺と対角線の関係が連想されよう．

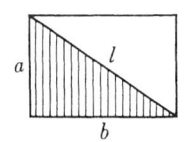 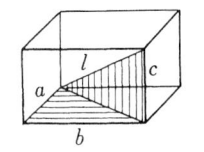

(1)　　$l^2 = a^2 + b^2$　　　(2)　　$l^2 = a^2 + b^2 + c^2$

　われわれの住む空間は3次元止まりで，これ以上の拡張はできない．

　そこで，面積への拡張が念頭をかすめる．「平面上で直角三角形の3辺の長さの関係」は「空間内では直角三角錐の4面の面積の関係」になろうとの予想である．

　直角三角錐はききなれない用語……三角錐のうち，1つの3面角が直角のみからできているもののことである．

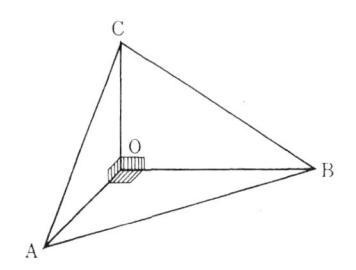

　これについては，一部の高校生に知られている問題がある．「△ABC，△OBC，△OCA，△OAB の面積をそれぞれ S, S_1, S_2, S_3 とするとき，等式

(3)　　　　　$S^2 = S_1{}^2 + S_2{}^2 + S_3{}^2$

が成り立つ」というのである．

　これは長さの関係 (2) と形が同じだから，ピタゴラスの定理の拡張とみなそうというわけである．

　　　　　　　×　　　　　　　　　×

　順序として証明を挙げる．証明の中には，あとで有用なものも現われよう．

初等幾何による方法

　よく見かけるもので，三垂線の定理が必要である．△ABC の面積を求めるのに，AB を底辺とみて，C から AB までの高さを用いる．

　C から AB におろした垂線を CH とし，O と H を結ぶと三垂線の定理によって，OH は AB に垂直になる．

　$\overline{OA}, \overline{OB}, \overline{OC}$ をそれぞれ a, b, c で表わすと，

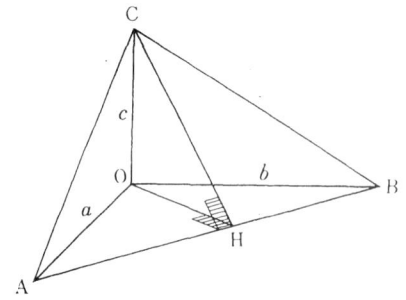

△OAB の面積を 2 通りに表わして

$$\frac{1}{2}\,\overline{AB}\cdot\overline{OH}=\frac{1}{2}\,\overline{OA}\cdot\overline{OB}$$

$$\overline{OH}=\frac{ab}{\overline{AB}}$$

次に直角三角形 COH から

$$CH=\sqrt{c^2+\left(\frac{ab}{\overline{AB}}\right)^2}=\frac{\sqrt{b^2c^2+c^2a^2+a^2b^2}}{\overline{AB}}$$

$$S=\frac{1}{2}\,\overline{AB}\cdot\overline{CH}=\frac{1}{2}\sqrt{b^2c^2+c^2a^2+a^2b^2}$$

一方 $S_1=\dfrac{1}{2}\,bc,\ S_2=\dfrac{1}{2}\,ca,\ S_3=\dfrac{1}{2}\,ab$ であるから，上の式

とくらべて

$$S^2 = S_1{}^2 + S_2{}^2 + S_3{}^2$$

× : ×

ヘロンの公式を用いる方法

この公式は，三角形の3辺を知って，その面積を求めるもので，有名である．

$$S = \sqrt{s(s-a)(s-b)(s-c)}$$

ここで a, b, c は三角形の3辺の長さで，s は周の半分である．これはかきかえると

$$S = \frac{1}{4}\sqrt{4b^2c^2 - (b^2 + c^2 - a^2)^2}$$

三角錐で $\triangle ABC$ を求めるには，上の公式の a, b, c をそれぞれ $\sqrt{b^2 + c^2}$, $\sqrt{c^2 + a^2}$, $\sqrt{a^2 + b^2}$ で置きかえればよい．

$$S^2 = \frac{1}{16}\{4(c^2 + a^2)(a^2 + b^2) - (2a^2)^2\}$$

$$= \frac{1}{4}(b^2c^2 + c^2a^2 + ab^2)$$

これから先は前と同じ．

× ×

ベクトルの内積による方法

高校にはベクトルがあって内積も指導するのだから，積極的に使ったらよさそうなものであるが，実際は敬遠されている．

$$S = \frac{1}{2}\overline{CA}\cdot\overline{CB}\sin\theta$$

$$4S^2 = \overline{CA}^2\cdot\overline{CB}^2 - (\overline{CA}\cdot\overline{CB}\cos\theta)^2$$

$A = (a, 0, 0)$, $B = (0, b, 0)$, $C = (0, 0, c)$ であるから $\overrightarrow{CA} =$

$(a, 0, -c)$，$\overrightarrow{CB}=(0, b, -c)$，よって

$$\overline{CA}^2=a^2+c^2,\qquad \overline{CB}^2=b^2+c^2$$
$$\overrightarrow{CA}\cdot\overrightarrow{CB}\cos\theta=\overrightarrow{CA}\cdot\overrightarrow{CB}=c^2$$

そこで

$$4S^2=(a^2+c^2)(b^2+c^2)-c^4$$
$$=b^2c^2+c^2a^2+a^2b^2$$

この方が，前のどの方法よりも簡単であるのに，新しい方法は，とかく嫌われるものらしい．

$$\times\qquad\qquad\times$$

さて，直角三角錐の面積の関係は，真にピタゴラスの定理の拡張と呼ぶにふさわしいだろうか．

ピタゴラスの定理は，空間の任意のベクトル $\boldsymbol{a}=(x, y, z)$ でみると

$$|\boldsymbol{a}|^2=x^2+y^2+z^2$$

x, y, z は $\boldsymbol{a}$ の x 軸，y 軸，z 軸上への正射影であるから

$$|\boldsymbol{a}|^2=(\boldsymbol{a}\ \text{の正射影})^2\ \text{の和}$$

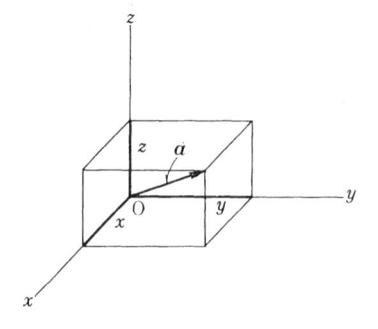

これからみて，面積へ拡張したものは，2つのベクトルを

$$\boldsymbol{a}=(x_1, y_1, z_1),\qquad \boldsymbol{b}=(x_2, y_2, z_2)$$

とし, 矢線 $\overrightarrow{OP}=\boldsymbol{a}$, $\overrightarrow{OQ}=\boldsymbol{b}$ をひいたとき

$\quad(\square\text{OPRQ})^2=(\square\text{OPRQ の正射影})^2$ の和となるべきだろう との予想が立つ.

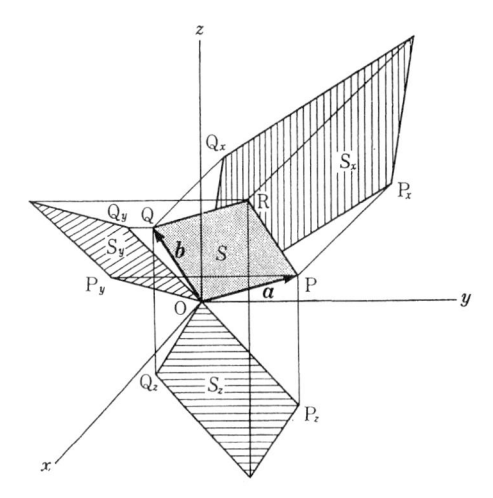

この予想をもっとはっきりかいてみる.

$\quad\square$OPRQ, およびこの yz 平面, zx 平面, xy 平面上 への正射影の面積をそれぞれ S, S_x, S_y, S_z とすれば

$$(4)\qquad S^2=S_x^{\ 2}+S_y^{\ 2}+S_z^{\ 2}$$

　この予想の正しいことを, はじめに初等的方法であきらか にしてみる.

　三角形の面積と, その正射影の面積との関係は, 高校でも教 科書によっては載っていよう. この関係は三角形に限らず, 任意の図形について成り立つものである.

　平面 α 上の図形 F の平面 β 上への正射影を F' とする. F,

F' の面積をそれぞれ S, S' とし，α, β の交角を θ とすれば

$$S' = S \cos \theta$$

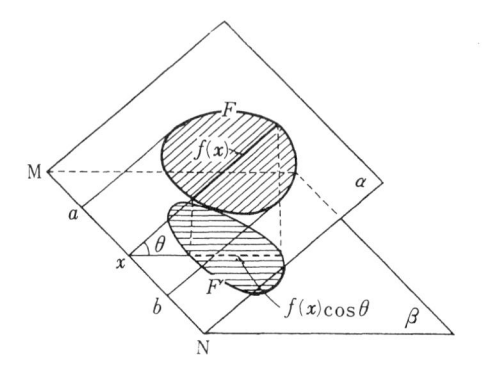

　これを古くはカバリエリの原理で証明していたようだが，積分法が常識化した現在ではそこまで立ちもどる理由がない．α, β の交線 MN 上の点 x で，MN に垂直な平面を作り，F と F' を切る．切口の長さは x の関数になるから，F の方の切口の長さを $f(x)$ とすると，F' の方の切口の長さは $f(x)\cos\theta$ になる．そこで

$$S' = \int_a^b f(x) \cos \theta \, dx$$
$$= \left(\int_a^b f(x) \, dx \right) \cos \theta = S \cos \theta$$

$$\times \qquad\qquad\qquad \times$$

　これを用いれば，先の予想した定理の証明はいたって簡単である．

　平面 OPRQ の法線ベクトル $\boldsymbol{n}$ の方向余弦を $\cos\alpha, \cos\beta,$ $\cos\gamma$ としてみよ．x 軸の正の方向の単位ベクトルを $\boldsymbol{i}$ とすると，

$\boldsymbol{n} \perp$ 平面 OPRQ, $\boldsymbol{i} \perp yz$ 平面

このことから，平面 OPRQ と yz 平面の交角は，$\boldsymbol{n}$ と $\boldsymbol{i}$ との交角 α に等しいことがわかる．したがって

$$S_x = S \cos \alpha$$

が成り立つ．全く同様にして

$$S_y = S \cos \beta, \quad S_z = S \cos \gamma$$

方向余弦の平方の和は 1 であったから

$$S_x{}^2 + S_y{}^2 + S_z{}^2 = S^2 (\cos^2 \alpha + \cos^2 \beta + \cos^2 \gamma)$$
$$= S^2$$

▨ ラグランジュの等式との関係

前座が長すぎたようだ．ラグランジュの等式との関係はどうなったのだと，しびれを切らしている読者が目に浮ぶ．あとしばしの心棒を……．

$P(x_1, y_1, z_1)$, $Q(x_2, y_2, z_2)$ だから，この yz 平面上への正射影はそれぞれ

$$P_x(0, y_1, z_1) \quad Q_x(0, y_2, z_2)$$

yz 平面上の座標とみれば

$$P_x(y_1, z_1) \quad Q_x(y_2, z_2)$$

でよい．このとき $\overrightarrow{OP_x}, \overrightarrow{OQ_x}$ の作る平行四辺形の面積 S_x が，次の式で表わされることは，衆知のことと思う．

$$S_x = |y_1 z_2 - y_2 z_1|$$

同様にして

$$S_y = |z_1 x_2 - z_2 x_1|, \quad S_z = |x_1 y_2 - x_2 y_1|$$

一方 $\overrightarrow{OP} = \boldsymbol{a}$, $\overrightarrow{OQ} = \boldsymbol{b}$ とおき，$\boldsymbol{a}, \boldsymbol{b}$ の交角を θ とすると

$$S = |\boldsymbol{a}||\boldsymbol{b}|\sin\theta = \sqrt{|\boldsymbol{a}|^2|\boldsymbol{b}|^2 - (\boldsymbol{ab})^2}$$

であった．この式で

$$|\boldsymbol{a}|^2 = x_1^2 + y_1^2 + z_1^2, \quad |\boldsymbol{b}|^2 = x_2^2 + y_2^2 + z_2^2$$

$$\boldsymbol{ab} = x_1 x_2 + y_1 y_2 + z_1 z_2$$

以上で導いた式を

$$(4) \qquad S^2 = S_x^2 + S_y^2 + S_z^2$$

に代入すれば，ラグランジュの等式になる．

　つまり，ラグランジュの等式というのは，幾何学的にみると，平行四辺形と，その座標面上への正射影の面積の関係(4)を表わすのである．

▨ ベクトルの外積への道

　ベクトル $\boldsymbol{a}$ の x, y, z 軸上への正射影というのは実数で，符号をもっている．これを逆にみれば，正射影に符号をつけることによって，もとの線分をベクトル化できるということ．

　この考えを面積にもあてはめれば，面積のベクト化が可能になるだろう．さて，それでは正射影の面積に対して，どのように符号をつけるか．これは平面上の図形の面積に符号をつけること．

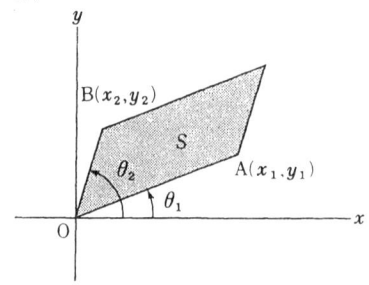

　2つのベクトル $\boldsymbol{a}=(x_1, y_1)$, $\boldsymbol{b}=(x_2, y_2)$ を与えられたとき
矢線 $\overrightarrow{OA}=\boldsymbol{a}$, $\overrightarrow{OB}=\boldsymbol{b}$ をひく．これらのベクトルの極形式を
それぞれ (r_1, θ_1), (r_2, θ_2) とおいてみると平行四辺形の面積は

$$S=r_1 r_2 |\sin(\theta_2-\theta_1)|$$

であるが，いま絶対値を除いて

$$S=r_1 r_2 \sin(\theta_2-\theta_1)$$

としてみよ．正弦は奇関数だから，$\theta_2-\theta_1$ の正負に応じ，
$\sin(\theta_2-\theta_1)$ の値も正負の値をとり，平行四辺形の面積にも
符号がつく．

　この符号をつけた面積を x_1, y_1, x_2, y_2 で表わすには，加法
定理によって展開してみればよい．

$$
\begin{aligned}
S &= r_1 r_2 \sin(\theta_2-\theta_1) \\
&= r_1 r_2 (\sin\theta_2 \cos\theta_1 - \cos\theta_2 \sin\theta_1) \\
&= x_1 y_2 - x_2 y_1
\end{aligned}
$$

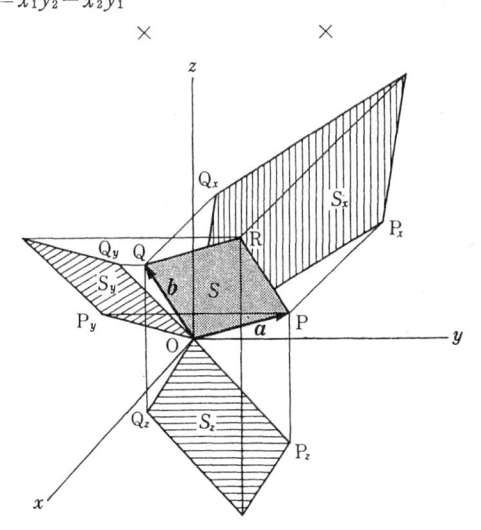

　ここで，空間へもどる．2 つのベクトル $\boldsymbol{a}=(x_1, y_1, z_1)$，$\boldsymbol{b}=(x_2, y_2, z_2)$ に対して $\overrightarrow{\mathrm{OP}}=\boldsymbol{a}$, $\overrightarrow{\mathrm{OQ}}=\boldsymbol{b}$ の作る平行四辺形の面積を S, この座標平面上への正射影の面積に，符号をつけた値をそれをそれぞれ S_x, S_y, S_z とすると

$$S_x = y_1 z_2 - y_2 z_1 = \begin{vmatrix} y_1 & z_1 \\ y_2 & z_2 \end{vmatrix}$$

$$S_y = z_1 x_2 - z_2 x_1 = \begin{vmatrix} z_1 & x_1 \\ z_2 & x_2 \end{vmatrix}$$

$$S_z = x_1 y_2 - x_2 y_1 = \begin{vmatrix} x_1 & y_1 \\ x_2 & y_2 \end{vmatrix}$$

　これらのスカラーを成分とするベクトル

$$\boldsymbol{s} = (S_x, S_y, S_z)$$

が考えられる．このベクトルの大きさは

$$|\boldsymbol{s}| = \sqrt{S_x{}^2 + S_y{}^2 + S_z{}^2} = S$$

となって，$\overrightarrow{\mathrm{OP}}, \overrightarrow{\mathrm{OQ}}$ の作る平行四辺形の面積に等しい．なお，計算してみると

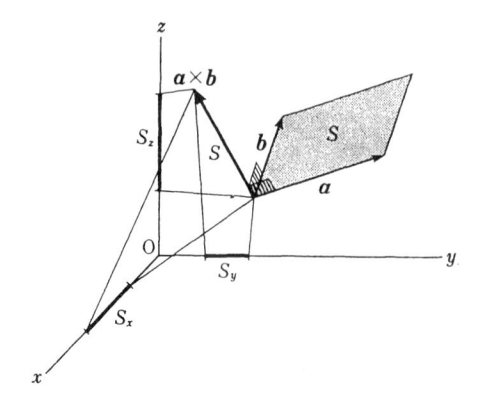

$$\boldsymbol{as} = x_1 S_x + y_1 S_y + z_1 S_z = 0$$
$$\boldsymbol{bs} = x_2 S_x + y_2 S_y + z_2 S_z = 0$$

となるから，$\boldsymbol{s}$ は $\boldsymbol{a}, \boldsymbol{b}$ に垂直である．

　ベクトル $\boldsymbol{a}, \boldsymbol{b}$ の外積というのは，このベクトル $\boldsymbol{s}$ のことで，ふつう $\boldsymbol{a} \times \boldsymbol{b}$ で表わす．

　ベクトル $\boldsymbol{a}, \boldsymbol{b}$ によって定まる平行四辺形の面積 S は，外積 $\boldsymbol{a} \times \boldsymbol{b}$ を考えたことによってベクトル化されるから，軸上への正射影がその成分 S_x, S_y, S_z で，これらはスカラーである．

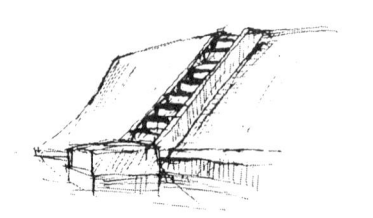

3．De Morgan の法則の正体

　縁なき衆生も，親鸞の教義によって救われれば，仏に帰一するとか，数学は，縁なきごとく見えるものの間から類似性を発見し，同じ概念やカテゴリーに帰一させる．宗教も数学も，同じ山頂を目ざすようにみえる．

　学生は集合でド・モルガンの法則を知り，まもなく論理でも同じ法則を知る．そして，おや，と驚く．その意外な類似性に数学の芸術性をみるのである．

▨ 集合の場合

　1つの集合 Ω を固定し，その部分集合の全体を P としよう．P を Ω の**べき集合**ともいう．

　このべき集合 P は，次の3つの演算について閉じている．

　　2項演算　A, B の共通分　$A \cap B$

　　　　　　　A, B の合併　　$A \cup B$

　　1項演算　A の補集合　　$\bar{A}$

　P は $\cap$ についても，$\cup$ についても可換半群をなし，$\cap$ と $\cup$ について，分配律が成り立つことは，いまさら説明するまでもないだろう．

　このほかに，3つの演算に関する法則としては，有名なド・モルガンの法則がある．

(1)　　$\overline{P \cap Q} = \overline{P} \cup \overline{Q}$

(1′)　$\overline{P \cup Q} = \overline{P} \cap \overline{Q}$

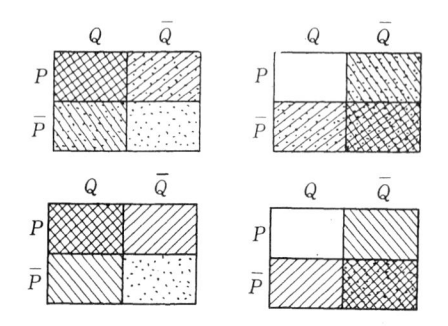

　証明はこの図によって理解して頂けば十分である．ここの話題はド・モルガンの法則の意味や一般化であって，集合算をやろうとしているわけではないから，証明は軽くみて頂いたのでよい．

▨ 論理の場合

　命題の集合 E も，次の3つの演算について閉じている．

　　2項演算　　p かつ q　　　$(p \wedge q)$

　　　　　　　　p または q　$(p \vee q)$

　　1項演算　　p でない　　　　$(\overline{p})$

　E は $\wedge$ についても，$\vee$ についても可換半群をなし，$\wedge$ と $\vee$ については分配律をみたし，その上，次の法則がある．

(2)　　$\overline{p \wedge q} = \overline{p} \vee \overline{q}$

(2′)　$\overline{p \vee q} = \overline{p} \wedge \overline{q}$

　この法則は集合に関するド・モルガンの法則と似ているの

で，論理に関する ド・モルガン の法則と呼ばれている．

証明は真偽表によればよいだろう．

p	1	1	0	0
q	1	0	1	0
$p \wedge q$	1	0	0	0
$\overline{p \wedge q}$	0	1	1	1	←┐
$\overline{p}$	0	0	1	1	
$\overline{q}$	0	1	0	1	├ 一致する．
$\overline{p} \vee \overline{q}$	0	1	1	1	←┘

(2′) の方も同様にして証明される．

▓ max, min の場合

大小のある数ならば，どんな数でもよいのだが，実感としてとらえやすくするために，0から10までの整数の集合 F で考えよう．

この F の任意の元に対して，次の2つの演算を定義しよう．

2項演算　$a \triangle b = \max\{a, b\}$

　　　　　$a \triangledown b = \min\{a, b\}$

1項演算　$\overline{a} = 10 - a$

$\overline{a}$ を小学校の算数では a の補数（10に対する）と呼んでいる．

F が $\triangle$ についても，$\triangledown$ についても可換半群をなすこと，さらに $\triangle$ と $\triangledown$ について分配律の成り立つことも容易に証明できよう．それのみではない．ド・モルガン の法則と全く同じ形式の法則も成り立つのである．

(3)　　$\overline{p \triangle q} = \bar{p} \bigtriangledown \bar{q}$

(3′)　　$\overline{p \bigtriangledown q} = \bar{p} \triangle \bar{q}$

証明は簡単だが念のため (3) をあきらかにしておこう.

$p \triangle q$, $p \bigtriangledown q$ はともに可換的だから，$p \leqq q$ と仮定しても一般性を失わない. この仮定のもとで

$$p \triangle q = q \qquad \overline{p \triangle q} = 10 - q = \bar{q}$$

次に $10 - p \geqq 10 - q$ だから $\bar{p} \geqq \bar{q}$

$$\bar{p} \bigtriangledown \bar{q} = \bar{q}$$

これで証明された.

(3′) の証明は読者におまかせしよう.

▨ G. C. M. と L. C. M. の場合

簡単な実例でみよう. $72 (= 2^3 \cdot 3^2)$ の正の約数全体の集合を G とする

$$G = \left\{ \begin{array}{cccc} 2^3 \cdot 3^2 & 2^2 \cdot 3^2 & 2^1 \cdot 3^2 & 2^0 \cdot 3^2 \\ 2^3 \cdot 3^1 & 2^2 \cdot 3^1 & 2^1 \cdot 3^1 & 2^0 \cdot 3^1 \\ 2^3 \cdot 3^0 & 2^2 \cdot 3^0 & 2^1 \cdot 3^0 & 2^0 \cdot 3^0 \end{array} \right\}$$

この G の 2 数 a, b の最大公約数を $a \blacktriangle b$ で，最小公倍数を $a \blacktriangledown b$ で表わすことにする. さらに a に対して $\dfrac{72}{a}$ を a の補数と呼び，$\bar{a}$ で表わしてみる.

$\blacktriangle$ と $\blacktriangledown$ は 2 項演算とみることができ，￣ は 1 項演算とみることができる.

2 項演算　　　$a \blacktriangle b = a, b$ の G. C. M.

　　　　　　　$a \blacktriangledown b = a, b$ の L. C. M.

1 項演算　　　$\bar{a} = (72$ を a で割った商$)$

　集合 G が ▲ について可換半群をなすことを確かめるのは
やさしい．さらに ▼ について可換半群をなすことも同様．
▲ と ▼ についても分配律が成り立つだろうか．これを確か
めるのは読者の楽しみとして残しておこう．さらに，ド・モ
ルガンの法則とそっくりの次の等式はどうであろうか．

- (4)　$\overline{p \blacktriangle q} = \bar{p} \blacktriangledown \bar{q}$
- (4′)　$\overline{p \blacktriangledown q} = \bar{p} \blacktriangle \bar{q}$

　平凡な証明をあげてみる．$p \blacktriangle q = g$ とおくと，p, q は g
で割り切れるから

$$p = p'g, \quad q = q'g \quad (p', q' \text{ は互いに素})$$

　さらに $p \blacktriangledown q = l$ とおくと

$$l = p'q'g$$

そこで 72 を l で割った商を a とおくと

$$72 = ap'q'g$$

したがって

$$\overline{p \blacktriangle q} = \bar{g} = ap'q' \qquad\qquad ①$$

また $\bar{p} = aq'$, $\bar{q} = ap'$ で，p' と q' は互いに素だから$\bar{p}, \bar{q}$ の最小
公倍数は $ap'q'$ に等しい．すなわち

$$\bar{p} \blacktriangledown \bar{q} = ap'q' \qquad\qquad ②$$

① と ② から

$$\overline{p \blacktriangle q} = \bar{p} \blacktriangledown \bar{q}$$

(4′) の証明は読者におまかせしよう．

▨ ド・モルガンの法則の一般化

以上の 4 つの例をみれば，ド・モルガンの法則の本質がわ

かり, 一般化も可能なはず.

この法則があるためには, ある集合 S には, とにかく 2 つの 2 項演算と 1 つの 1 項演算がきめられていて, しかも, それらの演算について閉じていなければならない. 演算記号を次のように約束しよう.

　　2 項演算　　$p \circ q$　$p \cdot q$

　　1 項演算　　$\bar{p}$

これらの演算について成り立つ等式

(5)　　$\overline{p \circ q} = \bar{p} \cdot \bar{q}$

(5′)　　$\overline{p \cdot q} = \bar{p} \circ \bar{q}$

がド・モルガンの法則を一般化したものである.

集合 S の 1 項演算というのは, S から S への写像でもあるから, 写像らしく見えるようにするために, ‾ を f で表わし, (5), (5′) をかきかえてみる.

(6)　　$f(p \circ q) = f(p) \cdot f(q)$

(6′)　　$f(p \cdot q) = f(p) \circ f(q)$

このようにかきかえてみると, これらの等式の意味が鮮明に見えてくる. (6) は f が

　　　　代数系 $(S, \circ)$ から代数系 $(S, \cdot)$

への準同型写像であることを表わす. $f(p) = p', f(q) = q'$ とおいてみた方がやさしいかもしれない.

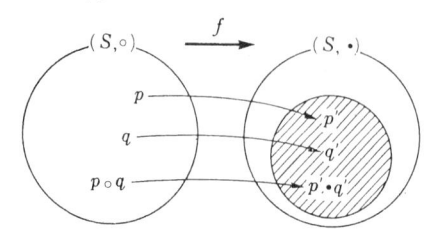

$$\left.\begin{array}{c} p \to p' \\ q \to q' \end{array}\right\} \quad \text{ならば} \quad p \circ q \to p' \cdot q'$$

同じ理由で，(6′) は f が

　　代数系 $(S, \cdot)$ から代数系 $(S, \circ)$

への準同型写像であることをあらわしている.

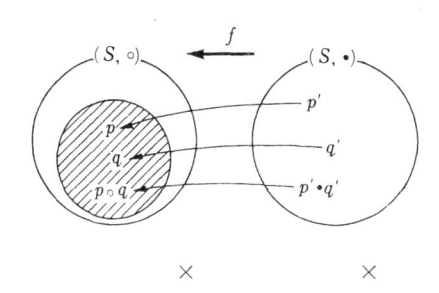

　一般には，f は写像に過ぎず，単射とは限らないし，全射とも限らない．前に挙げた 4 つの実例では，f はすべて全単射であった．しかも，次の条件をみたしていた.

　(7)　　　$f^2 = e$　　(e は恒等写像)

　たとえば集合で A の補集合の補集合は A 自身に等しい. すなわち $\bar{\bar{A}} = A$ となるのは，写像でみれば (7) で表わされる.

　f が全単射で (7) をみたせば，(6) から (6′) が導かれ，逆に (6′) から (6) も導かれるので，(6) と(6′) は同値になるのである.

　はじめに (6) $\Rightarrow$ (6′) を明らかにしよう.

　S の任意の元を p, q とすると，f は全単射だから，p, q の原像 p', q' が S の中に存在する. すなわち

$$f(p') = p, \quad f(q') = q \qquad\qquad ①$$

(6) の p, q は任意だから，p', q' で置きかえ

$$f(p' \circ q') = f(p') \cdot f(q') = p \cdot q \qquad\qquad ②$$

(7) を用いて ① から

$$f(p) = f^2(p') = e(p') = p', \quad f(q) = q'$$

さらに ② から

$$f(p \cdot q) = p' \circ q'$$

これに上の結果を代入すれば

$$f(p \cdot q) = f(p) \circ f(q)$$

(6′) ⇒ (6) も同様にして証明されるから，結局 (6) と (6′) は同値になる．

×　　　　　　×

ド・モルガンの法則を一般化し，f を 2 つの代数系 $(S_1, \circ)$ から $(S_2, \cdot)$ への写像と見てしまうと，(6) は f が準同型写像であるための条件になる．こうなっては，余りにも一般的で，特にド・モルガンの法則と呼ぶ根拠が失われよう．

たとえば指数関数 $f(x) = a^x$ は

$$f(x + y) = f(x) \times f(y)$$

をみたし，$+, \times$ をそれぞれ $\circ, \cdot$ で表わしてみると (6) とぴったり一致する．

ド・モルガンの法則を特殊化し，2 つの演算を同じものにすると

$$f(p \circ q) = f(p) \circ f(q)$$

となる．これでは，演算を + にかえると

$$f(p+q)=f(p)+f(q)$$

となって**加法性**と呼ばれている関数の特徴を表わす．また演算を×にかえると

$$f(p \times q)=f(p) \times f(q)$$

となって，**乗法性**と呼ばれている関数の特徴を表わす．

　いずれにしても，ド・モルガンの法則の特性は希薄になってしまう．

➡注　例1〜4の類似点と相異点を明確にさせるには，かなり掘り下げた分析が必要で，束論の研究につながってゆく．ここでは例2,3,4の類似点について簡単に補足するに止めよう．

　例3,4の関係は密接である．2数 $2^3 \cdot 3^1$ と $2^2 \cdot 3^2$ でみると，L.C.M. は2,3に指数の最大値をつけた積である．一般に

$$2^a \cdot 3^x \blacktriangledown 2^b \cdot 3^x = 2^{a \triangle b} 3^{x \triangle y}$$

同様にして

$$2^a \cdot 3^x \blacktriangle 2^b \cdot 3^x = 2^{a \triangledown b} 3^{x \triangledown y}$$

この関係に目をつければ，(3),(3′)を用いて(4),(4′)を導くことができる．

　例2は，真偽値を表わす0,1を実数と同じと見て $0 < 1$ と定め，さらに p, q などを命題の真偽値を表わすことにすれば

$$p \wedge q = \min\{p, q\}, \quad p \vee q = \max\{p, q\}$$

となって，例3に似たものになる．

p	q	$p \wedge q$	$p \vee q$
1	1	1	1
1	0	0	1
0	1	0	1
0	0	0	0

4. 対称的と交代的

　数学の中には，対称的，交代的という2つの概念が対をなして存在し，重要な役割を果している．それを初等的数学の中から拾い出し，その本質をさぐってみるのが今回のねらいである．

▨ 対称式と交代式

　最初に頭に浮ぶのは，高校で親しんだ対称式と交代式であろう．

　x, y についての多項式 $f(x, y)$ は，x と y をいれかえても，もとの式と等しいとき，**対称式**であるといい，もとの式と符号だけちがうときは**交代式**という．

$$対称式\cdots\cdots f(y, x) = f(x, y)$$
$$交代式\cdots\cdots f(y, x) = -f(x, y)$$

　たとえば $3x^2y + 3xy^2$ は x, y についての対称式で，$3x^2y - 3xy^2$ は x, y についての交代式である．

×　　　　　　×

x, y についての対称式のうち $x+y$, xy を**基本対称式**とい
う．これは見方をかえれば，x についても，y についても1
次の対称式のうち，係数が 1 のものである．

よく知られているように，x, y についての対称式は，その
基本対称式の 多項式として 表わされる．

たとえば，$x+y=u$, $xy=v$ とおくと

$$x^2+y^2=u^2-2v$$
$$x^3+y^3=u^3-3uv$$
$$x^4+y^4=u^4-4u^2v+2v^2$$

このことからみて，基本対称式は，対称式の**要素**のような
ものである．つまり，2文字について の対称式は，2 つの要
素によって 構成される．

対称式と演算との関係をみると，2 つの対称式の和，差，積
はすべて対称式である．これは当たり前のことに思われるが，
この性質を支えているのは何かを，見きわめておかないと，
対称性を他の対象へ拡張したときに思わぬ不覚をとるおそれ
がある．

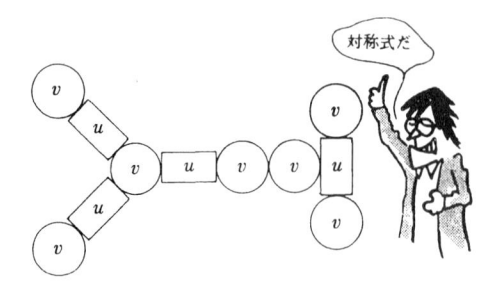

x, y についての対称式を f, g とし，x, y をいれかえた式
を f^a, g^a と表わしてみる．

$f+g=F$ とおくと $F^a=(f+g)^a$, ところが

$$(f+g)^a=f^a+g^a \qquad ①$$

ところが

$$f^a=f, \ g^a=g \ \text{だから} \ f^a+g^a=f+g \qquad ②$$
$$\therefore \quad F^a=F$$

となって F は対称式であることがあきらかにされた.

　この証明を振り返ってみると，この推論を支えているのは①と②である．②は多項式が加法について閉じていることから導かれる等式の性質に過ぎない．重要なのは①で，これは，x, y をいれかえるという操作が，加法について分配的であることを示す.

　乗法のときも同様で

$$(f \cdot g)^a=f^a \cdot g^a$$

すなわち，x, y を入れかえる操作が乗法について分配的である.

×　　　　　　　×

　次に交代式の性質を眺めてみよう.

　$f(x, y)$ が交代式ならば

$$f(y, x)=-f(x, y)$$

この式で $y=x$ とおくと

$$f(x, x)=-f(x, x)$$
$$f(x, x)=0$$

したがって，因数定理により $f(x, y)$ は $x-y$ を因数にもつから

$$f(x, y)=(x-y)q(x, y) \qquad ①$$

と表わされる.

ここで $q(x, y)$ は対称式である．なぜかというに，上の式で x, y をいれかえてみると

$$f(y, x) = (y - x)q(y, x)$$

一方，この式は

$$-f(x, y) = -(x - y)q(x, y)$$

に等しいから

$$(y - x)q(y, x) = (y - x)q(x, y)$$

これは恒等式であるから

$$q(y, x) = q(x, y)$$

この式は $q(x, y)$ が対称式であることを表わしている．

逆に $(x - y) \times$ 対称式 と表わされる式が交代式であることは簡単に証明できる．したがって，x, y の多項式が

$$(x - y) \times 対称式$$

と表わされることは，交代式であるための必要十分条件である．

$$\times \qquad\qquad \times$$

交代式と演算との関係は，対称式のときほど簡単ではない．

交代式の和，差は交代式であるが，積は対称式である．くわしくみると

$$交代式 \times 対称式 = 交代式$$
$$交代式 \times 交代式 = 対称式$$

この証明はやさしいが，念のため確かめて頂きたい．

$$\times \qquad\qquad \times$$

対称式と交代式については，もう1つ重要なものが残っている．

たとえば xy^2 は対称式でも交代式でもないが，次のように書きかえると，対称式と交代式の和になる．

$$xy^2 = \frac{xy^2 + yx^2}{2} + \frac{xy^2 - yx^2}{2}$$

　　　　　　　↑　　　　　　↑
　　　　　　対称式　　　　交代式

さて，このことは一般にいえるか．この問は難問のように見えるが，実は，意外とやさしいのだ．

x, y についての任意の多項式 f を

$$f = \frac{f + f^a}{2} + \frac{f - f^a}{2}$$

とかきかえてみよ．第1式は対称式で，第2の式は交代式であることが簡単に証明される．

予備知識としては，x, y をいれかえる操作として，次の性質が必要である．

---

　　x, y の多項式 f の x, y を入れかえたものを f^a とすれば

　(i)　$f^{aa} = f$

　(ii)　$(f \pm g)^a = f^a \pm g^a$

　(iii)　$(kf)^a = kf^a$ 　　　（k は定数）

　(iv)　$(fg)^a = f^a g^a$

➡ **注**　(iv)はここでは使わないが，性質をすべてまとめるために併記した．(iii)は(iv)の特殊な場合である．もし $k^a = k$ を追加すれば，(iii)は(iv)から導かれる．

これを用いると

$$\left(\frac{f + f^a}{2} \right)^a = \frac{(f + f^a)^a}{2} = \frac{f^a + f^{aa}}{2}$$

$$= \frac{f^a + f}{2} = \frac{f + f^a}{2}$$

これで $\dfrac{f+f^a}{2}$ は対称式であることがわかった．同様にして

$$\left(\frac{f-f^a}{2}\right)^a = \frac{(f-f^a)^a}{2} = \frac{f^a - f^{aa}}{2}$$

$$= \frac{f^a - f}{2} = -\frac{f - f^a}{2}$$

となり，$\dfrac{f-f^a}{2}$ は交代式であることもわかった．

　対称式と交代式はこれ位にして，次へ移ることにしよう．

▨ 偶関数と奇関数

　偶関数, 奇関数 と 対称式, 交代式の関係といわれても予想がつかないかも知れない．この無縁などとく見える再概念の間に，実際は，意外な類似性が秘められているのだ．

　関数 $f(x)$ は，x を $-x$ で置きかえたものが，もとの関数に等しいとき**偶関数**であるといい，もとの関数の符号をかえたものに等しいとき**奇関数**というのであった．

　偶関数　　　$f(-x) = f(x)$

　奇関数　　　$f(-x) = -f(x)$

　この式を みれば，類似点が 多少感じられるはず．しかし，まだナルホドとうなずくところまではいくまい．

　類似性をみるには，まず，同じ表現を試み，次に，その性

質を調べてみることである．対称式，交代式は，x, y を入れかえるという操作に関係があった．上の場合，この操作に対応する操作は，$f(x)$ の x を $-x$ で置きかえることである．それでいま，f の x を $-x$ で，置きかえたものを f^b で表わしてみる．

この操作に次の性質のあることは容易に気付くはず．

---

x の関数 f の x を $-x$ で置きかえたものを f^b で表わすと

(i)　$f^{bb}=f$

(ii)　$(f \pm g)^b = f^b \pm g^b$

(iii)　$(kf)^b = kf^b$　　　（k は定数）

(iv)　$(fg)^b = f^b g^b$

証明は簡単だから読者の課題としよう．

操作 b の性質は，操作 a の性質と全く同じである．そうだとすると，任意の関数は，偶関数と奇関数の和として表わされることも成り立つはずである．

実例でみると $3x^3+5x^2-4x+2$ は偶関数でも奇関数でもないが

$$(5x^2+2)+(3x^3-4x)$$

とかきかえれば，偶関数と奇関数の和に書きかえられる．

また e^x も偶関数，奇関数のどちらでもないが

$$e^x = \frac{e^x+e^{-x}}{2} + \frac{e^x-e^{-x}}{2}$$

と書きかえることができて，第1式は偶関数で，第2式は奇関数である．

ここまでくれば，一般化はやさしい．任意の関数 $f(x)$ は

$$f(x) = \frac{f(x)+f(-x)}{2} + \frac{f(x)-f(-x)}{2}$$

とかきかえればよいはず．これはさらに

$$f = \frac{f+f^b}{2} + \frac{f-f^b}{2}$$

と表現をかえれば，類似性が鮮明になる．

　第1式が偶関数で，第2式が奇関数であることの証明は，いまさら繰り返す気が起きないほど，前の場合に似ていよう．

▨ 共役複素数と実数，純虚数

　ほかに何があるだろうか．少し毛色の変ったものとして，共役複素数に目をつけてみよう．

　複素数 α の共役複素数を $\bar{\alpha}$ で表わし，その性質の一部を列記してみる．

(i)　$\bar{\bar{\alpha}} = \alpha$

(ii)　$\overline{\alpha \pm \beta} = \bar{\alpha} \pm \bar{\beta}$

(iii)　$\overline{k\alpha} = k\bar{\alpha}$　　　(k は実数)

(iv)　$\overline{\alpha\beta} = \bar{\alpha}\bar{\beta}$

　記号は異なるが，共役複素数を作る操作―は，2文字を入れかえる操作 a，変数の符号をかえる操作 b と全く同じ性質を備えている．

　さて，そうだとすると，操作―によって変化しないものは何か．符号だけ変るものは何か．それは，説明を待つまでもなく実数と純虚数，である．

$$実数 \cdots\cdots\cdots \bar{\alpha} = \alpha$$

$$\text{純虚数か } 0 \cdots \bar{\alpha} = -\alpha$$

そして, 任意の複素数を

$$z = \frac{z + \bar{z}}{2} + \frac{z - \bar{z}}{2}$$

とかきかえたとすると, 第1の数 $\dfrac{z+\bar{z}}{2}$ は実数で, 第2の数 $\dfrac{z-\bar{z}}{2}$ が純虚数か 0 になることも, 自明に近いはず.

実際 $z = p + qi$, とおいてみると $\bar{z} = p - qi$ だから,

$$\frac{z+\bar{z}}{2} = p, \qquad \frac{z-\bar{z}}{2} = qi$$

となって予想に合う. (i)～(iii)を用いて証明することは読者におまかせしよう.

だいぶ佳境にはいり込んだ気分だが, さらに秘境へと歩を進めよう. 高校数学のジャングルから何が飛び出すだろうか. それがお楽しみ.

▨ 対称行列と交代行列

高数にも行列を指導するようになった御時世である. 対称行列や交代行列を指導するところまでは来ていないが, 大学へ進めば当然お目にかかる内容であろう.

行列 A の行と列を入れかえたものを, A の**転置行列**といい, A^T, $^T A$ などで表わす. ここでは A^T を用いよう.

A は, A^T が A に等しいときは

対称行列といい，A^T が A の符号をかえたものに等しいときは**交代行列**という.

$$\text{対称行列} \qquad A^T = A$$
$$\text{交代行列} \qquad A^T = -A$$

この定義をみただけで，ハハアーと気付くはずである．操作 a や b との類似性に．しかしそれはあとに回し，対称行列と交代行列は，具体的にどんな形のものか，つまり成分の配列にどんな特徴があるかをみよう．

3次の行列を例にとり

$$A = \begin{pmatrix} a_1 & b_1 & c_1 \\ a_2 & b_2 & c_2 \\ a_3 & b_3 & c_3 \end{pmatrix}$$

とおくと

$$A^T = \begin{pmatrix} a_1 & a_2 & a_3 \\ b_1 & b_2 & b_3 \\ c_1 & c_2 & c_3 \end{pmatrix}$$

A が対称行列のときは $A^T = A$ だから，移項すると $A^T - A = O$ となる．O は零行列を表わす．そこで

$$A^T - A = \begin{pmatrix} 0 & a_2 - b_1 & a_3 - c_1 \\ b_1 - a_2 & 0 & b_3 - c_2 \\ c_1 - a_3 & c_2 - b_3 & 0 \end{pmatrix} = \begin{pmatrix} 0 & 0 & 0 \\ 0 & 0 & 0 \\ 0 & 0 & 0 \end{pmatrix}$$

行列の相等の定義から

$$a_2 = b_1, \quad a_3 = c_1, \quad b_1 = a_2, \quad b_3 = c_2 \quad, \cdots$$

すなわち右下りの対角線について対称の位置にある成分は等しい．行列では右下りの対角線を単に**対角線**といい，この上の成分を**対角成分**という．したがって，対称行列は，対角線

について対称な行列といったのでよい.

　さて，次に交代行列はどうか．このときは $A^T = -A$ だから $A^T + A = O$ とならなければならない．そこで

$$A^T + A = \begin{pmatrix} 2a_1 & a_2+b_1 & a_3+c_1 \\ b_1+a_2 & 2b_2 & b_3+c_2 \\ c_1+a_3 & c_2+b_3 & 2c_2 \end{pmatrix} = \begin{pmatrix} 0 & 0 & 0 \\ 0 & 0 & 0 \\ 0 & 0 & 0 \end{pmatrix}$$

したがって

$$a_1 = b_2 = c_3 = 0$$

さらに

$$a_2 = -b_1, \quad a_3 = -c_1, \quad b_1 = -a_2, \quad \cdots$$

つまり，交代行列では，対角成分がすべて 0 で，対角線について対称の位置にある成分は絶対値が等しく異符号である.

対称行列　　　　　交代行列
$$\begin{pmatrix} p & a & b \\ a & q & c \\ b & c & r \end{pmatrix} \qquad \begin{pmatrix} 0 & a & b \\ -a & 0 & c \\ -b & -c & 0 \end{pmatrix}$$

$$\times \qquad\qquad \times$$

　さて，転置行列を求めるという操作 T にはどんな性質があるだろうか．$A^{TT} = A$ は自明であろう．$(A \pm B)^T = A^T \pm B^T$，さらに k が実数のとき $(kA)^T = kA^T$ となることの証明も平凡である．そこで勢づいて $(AB)^T = A^T B^T$ とやりかねないが，そこに落し穴がひっそりと待ちかまえている．実例に当ってみよ.

$$A = \begin{pmatrix} a_1 & b_1 \\ a_2 & b_2 \end{pmatrix} \qquad B = \begin{pmatrix} c_1 & d_1 \\ c_2 & d_2 \end{pmatrix}$$

$$AB = \begin{pmatrix} a_1c_1+b_1c_2 & a_1d_1+b_1d_2 \\ a_2c_1+b_2c_2 & a_2d_1+b_2d_2 \end{pmatrix}$$

したがって

$$(AB)^T = \begin{pmatrix} a_1c_1 + b_1c_2 & a_2c_1 + b_2c_2 \\ a_1d_1 + b_1d_2 & a_2d_1 + b_2d_2 \end{pmatrix} \quad ①$$

一方

$$A^T = \begin{pmatrix} a_1 & a_2 \\ b_1 & b_2 \end{pmatrix} \quad B^T = \begin{pmatrix} c_1 & c_2 \\ d_1 & d_2 \end{pmatrix}$$

① は $A^T B^T$ にはなっていない. じゃ何に等しいかと思って眺めると $B^T A^T$ に等しくなっている. だから $(AB)^T = B^T A^T$ なのである. A, B の順が右辺と左辺では反対であることに注意されたい. 行列の乗法は可換律をみたさないから, $B^T A^T$ を $A^T B^T$ と書きかえることは許されない.

以上で知ったことをまとめて, 前に知った性質との比較を容易にしよう.

行列 A の転置行列を A^T とすると

(i) $A^{TT} = A$

(ii) $(A \pm B)^T = A^T \pm B^T$

(iii) $(kA)^T = kA^T$ (k は実数)

(iv) $(AB)^T = B^T A^T$

さて, (i), (ii), (iii)が成り立つとすると, 任意の行列 A を

$$A = \frac{A + A^T}{2} + \frac{A - A^T}{2}$$

とかきかえれば, $\dfrac{A + A^T}{2}$ は対称行列で, さらに $\dfrac{A - A^T}{2}$ は交代行列になることは, 証明を待たずに推測できるはず. なぜかというに, この証明には (i)〜(iii) があれば十分で, (iv) は

不要だからである.

　証明は読者にゆずり, ここでは実例を挙げることにしよう.

$$A=\begin{pmatrix} 3 & 8 & 7 \\ 4 & 1 & 12 \\ 9 & 2 & 5 \end{pmatrix} \quad A^T=\begin{pmatrix} 3 & 4 & 9 \\ 8 & 1 & 2 \\ 7 & 12 & 5 \end{pmatrix}$$

$$\frac{A+A^T}{2}=\begin{pmatrix} 3 & 6 & 8 \\ 6 & 1 & 7 \\ 8 & 7 & 5 \end{pmatrix}$$

$$\frac{A-A^T}{2}=\begin{pmatrix} 0 & 2 & -1 \\ -2 & 0 & 5 \\ 1 & -5 & 0 \end{pmatrix}$$

$$\begin{pmatrix} 3 & 8 & 7 \\ 4 & 1 & 12 \\ 9 & 2 & 5 \end{pmatrix}=\begin{pmatrix} 3 & 6 & 8 \\ 6 & 1 & 7 \\ 8 & 7 & 5 \end{pmatrix}+\begin{pmatrix} 0 & 2 & -1 \\ -2 & 0 & 5 \\ 1 & -5 & 0 \end{pmatrix}$$

　　　　　　　　　　　　　対称行列　　　　交代行列

▨ 整合化は数学の使命

　4つの素材がそろった. 整合のチャンスであろう. 4つの素材に共通な概念は何か. それを明確につかみ, 定式化を計ることは数学の使命である. これをある人は総括といい, ある人は統合, ある人は抽象化, ある人は一般化という. 表現のニュアンスはちがっても, 帰一するところに変わりはなさそうである.

　4つの例で取り挙げた対象をみると

　　第1の例………多項式

　　第2の例………実変数関数

　　第3の例………複素数

　　第4の例………正方行列（次数同じ）

これらの対象は，加法,減法,実数倍が可能で，**ベクトルの公理**をみたすから，いずれも**ベクトル**とみられ，その集合は**ベクトル空間**を作る．そこで，どの場合にも，対象を x, y, z などで表わし，そのベクトル空間を V で表わすことにしよう．

次に，4つの例で取り扱った操作を総括しよう．

第1の例……2文字を入れかえる（ ^{a} ）

第2の例……変数の符号をかえる（ ^{b} ）

第3の例……共役複素数を求める（‾）

第4の例……行と列を入れかえる（ ^{T} ）

これらは，いずれも任意の対象にそれぞれ1つの対象を対応させる操作で，写像とみることができる．そこで総括し，どの場合にも写像 φ で表わしておこう．くわしくみれば， φ はベクトル空間 V から V への写像である．

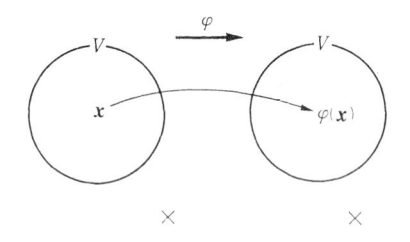

この写像は，どの場合にも3つの法則(i), (ii), (iii)をみたしていた．

(i) $\varphi\varphi(x) = x$

(ii) $\varphi(x+y) = \varphi(x) + \varphi(y)$

(iii) $\varphi(kx) = k\varphi(x)$ （k は実数）

(ii)には $\varphi(x-y) = \varphi(x) - \varphi(y)$ もあったが，これは加法の場合から簡単に誘導できるので省略した．誘導は次のとおり．

$$\varphi(\boldsymbol{x}-\boldsymbol{y})+\varphi(\boldsymbol{y})=\varphi((\boldsymbol{x}-\boldsymbol{y})+\boldsymbol{y})=\varphi(\boldsymbol{x})$$

$$\therefore \quad \varphi(\boldsymbol{x}-\boldsymbol{y})=\varphi(\boldsymbol{x})$$

それから(i)は $\varphi\varphi$ が V から V への恒等写像になることであるから，その恒等写像を e で表わせば

$$\varphi\varphi=e$$

ともかける.

$$\times \qquad\qquad \times$$

この写像に用いて対称, 交代の概念を導入した. それは, 次のように総括される.

$\varphi(\boldsymbol{x})=\boldsymbol{x}$　　のとき $\boldsymbol{x}$ は**対称的**である

$\varphi(\boldsymbol{x})=-\boldsymbol{x}$ のとき $\boldsymbol{x}$ は**交代的**である

この新概念を導入すると，任意のベクトル $\boldsymbol{x}$ は，対称的ベクトルと交代的ベクトルとの和で表わされることがあきらかになる. そのための変形は

$$\boldsymbol{x}=\underset{\text{対称的}}{\underbrace{\frac{\boldsymbol{x}+\varphi(\boldsymbol{x})}{2}}}+\underset{\text{交代的}}{\underbrace{\frac{\boldsymbol{x}-\varphi(\boldsymbol{x})}{2}}}$$

である.

$\boldsymbol{y}=\dfrac{\boldsymbol{x}+\varphi(\boldsymbol{x})}{2}$ とおいてみると

$$\varphi(\boldsymbol{y})=\varphi\left(\frac{\boldsymbol{x}+\varphi(\boldsymbol{x})}{2}\right)$$

$$=\frac{\varphi(\boldsymbol{x}+\varphi(\boldsymbol{x}))}{2} \qquad \text{(iii)による}$$

$$=\frac{\varphi(\boldsymbol{x})+\varphi\varphi(\boldsymbol{x})}{2} \qquad \text{(ii)による}$$

$$=\frac{\varphi(\boldsymbol{x})+\boldsymbol{x}}{2} \qquad \text{(i)による}$$

$$= \frac{\boldsymbol{x} + \varphi(\boldsymbol{x})}{2} \qquad \text{ベクトルの性質}$$

$$= \boldsymbol{y}$$

$\varphi(\boldsymbol{y}) = \boldsymbol{y}$ となったから，$\boldsymbol{y}$ は対称的である．

次に $\boldsymbol{z} = \dfrac{\boldsymbol{x} - \varphi(\boldsymbol{x})}{2}$ とおいてみると，上と全く同様にして $\varphi(\boldsymbol{z}) = -\boldsymbol{z}$ が導かれ，$\boldsymbol{z}$ は交代的であることも明らかにされる．

×   ×

写像 φ が (ii), (iii) をみたすときは，線型的であるという．φ が (i) をみたすときは，可逆的または対合的とでもいえばよいだろう．

▨ 特殊な交代関数について

関数 $f(x, y)$ が x, y について交代的であるとき，すなわち

$$f(y, x) = -f(x, y)$$

のときは**交代関数**という．

初歩的な交代関数の例に，定積分

$$\int_x^y g(t) dt$$

がある．この値は，$g(t)$ を固定し，x, y を変数とみると，x, y について関数になるから $f(x, y)$ で表わしてみよう．

定積分は，等式

$$\int_y^x g(t) dt = -\int_x^y g(t) dt$$

をみたした．これは $f(x, y)$ を用いて表わせば

$$f(y, x) = -f(x, y) \tag{①}$$

となって，交代関数であることがわかる．

　しかし，定積分は，交代関数としては特殊なものである．なぜかというに，定積分は ① のほかに，等式

$$\int_x^y g(t)\,dt + \int_y^z g(t)\,dt = \int_x^z g(t)\,dt$$

すなわち

$$f(x, y) + f(y, z) = f(z, x) \qquad\qquad ②$$

をみたすからである．

　この関数方程式を **Sinzou の方程式**という．

　②の解は一般にどうなるだろうか．この疑問に答えるには②を解いてみればよい．推論をやさしくするため，$f(x, y)$ は実関数としておこう．

　②を移項して

$$f(x, y) = f(x, z) - f(y, z)$$

これをみると $f(x, y)$ は z に関係がない．そこで z を固定し，$z = k$ とおいてみると，$f(x, k)$ は x のみの関数になるから $\lambda(x)$ とおくと

$$f(x, y) = \lambda(x) - \lambda(y) \qquad\qquad ③$$

となる．

　逆に③が②をみたすことは容易に分る．したがって③は②の一般解である．

　③の関数の形をみれば，ハハアー，ナルホドと気付くことがあろう．定積分

$$\int_x^y g(t)\,dt$$

は，$g(t)$ の不定積分を $G(t)$ とおくと

$$\int_x^y g(t)\,dt = G(y) - G(x)$$

となって，③と同じタイプの関数になる．

　以上によって，Sinzou の方程式の解は交代関数ではあるが，その特殊なもので，③の形に表わされることを知った．

×　　　　　×

　線分 AB の符号つきの長さ l を，ふつう AB で表わすが，これは A, B の関数であるから $f(A, B)$ と表わしてもよい．

$$f(A, B) = AB$$

　この符号つきの長さについては

$$BA = -AB \qquad AB + BC = AC$$

が成り立った．これは関数記号で表わしてみると

$$f(B, A) = -f(A, B)$$
$$f(A, B) + f(B, C) = f(A, C)$$

となる．したがって $f(A, B)$ は交代関数で，しかも Sinzou の方程式をみたすことがわかる．とすると③の形に表わされるはず．O を定点とすると

$$AB = OB - OA$$

これは $f(A, B) = \lambda(B) - \lambda(A)$ の形である．

×　　　　　×

　だいぶ長くなった．ここらで筆を置こう．日頃平凡に過していたところも，以上のように分析してみると，思わぬ関連と類似性を発見する．数学の意外性を与えているのは，数学の方法のすぐれた個性である**分析力**と**綜合力**であることをみた．数学の芸術性とは，方法論からみれば分析力，綜合力ということか．今後次第に，この方法に目を向けたい．

5. 無限大の魔術

　芸術とは驚き，感動だという見方もできよう．数学者にとっては使いなれた記号∞も，数学を学ぶ一般の人々にとっては，不可解なものの一つである．一口に無限といっても，その内容は豊富である．文学者と哲学者の抱く無限の概念ですら大きな開きがある．まして，文学者と数学者ともなればその距離は大きい．われわれ数学をやっている者が，たまたま文科系の人と無限について話をしても，あきれるほど話がかみ合わない．文科系の人はいうだろう．「なんて数学をやっている人の無限は味けないのだ」と．一方数学者は「文科系の連中の無限はとらえどころがない．結局何も分っていないじゃないか」とつぶやくことだろう．文学と数学では，無限のとらえ方が根源において異なるように見える．文学における無限は多分に情緒的で，永遠に通ずるものがあり，宗教的ですらある．考えてみれば，数学をやっている人にも，そのような無限はある．夜空にきらめく天の川を仰いで，宇宙の無限や永遠について思いをめぐらさない人はいないだろう．見知らぬ土地に遊び，浜辺や山頂に立って地平のかなたを眺めたとき，われわれの心の中をかすめるいいがたい感情は，文学者

の無限に通ずるものであろう．まして，その旅において，心を動かす人にめぐり合い，再び会う期待もむなしく互いに去り行くとしたら，ひとしおその感を深めよう．「別れもまた楽しい」という短いことばにも無限を感ずるのが詩情というものか．

×　　　　　×

わたしは，高校時代，$xy=4$ のグラフをかきながら，曲線の端の無限のかなたに，疑問を抱き，いろいろと想像をめぐらしたことを思いだす．

「x を負の方から 0 に近づけると，曲線は下の方へ限りなく遠のいてゆく……ところが x が 0 を越したとたん，曲線は上方の無限のかなたから姿を現わし，みるみる近づいてくる．不思議だ．曲線が無限の かなたで つながっているのでは ないか．もし，そうでないとしたら，こんなに うまく，姿をみせるはずはない．そうだ．曲線は上下 の端でつながっているのだ．左右の端も同じだ．もしそうだとすると，直角双曲線は 1 つのつながった線になる．不思議，不可解……」

そのとき，わたしは，数学の魔力に触れたような気がした．しかし，それをどう解明したらよいのかわかるはずもなく，次のような図をかき，1 人楽しんだものである．

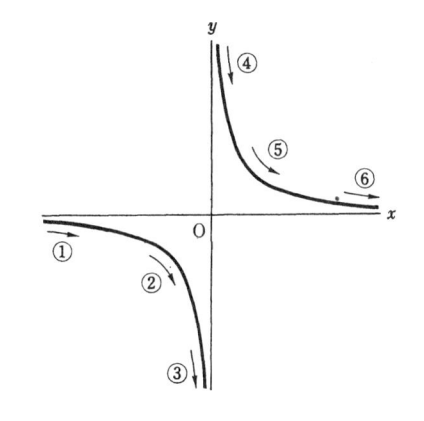

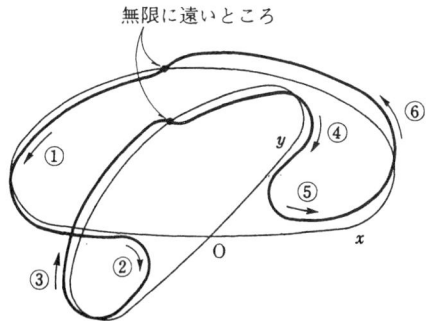

　このような想像の無意味でないこと，いや，それを数学の中に積極的に取り入れることによって，射影幾何のような数学が完成していることを知ったのは，それから何年かあとのことであった．

▨ 無限大のとらえ方

　「∞は 1, 2, 3 のような数ではないぞ．限りなく大きくなるという状態だ」などと先生に念を押されても，不安は消えな

かった．数とかモノなら，そのものズバリで，つかまえやす
いが，状態とあっては正体が見えないからである．

　「状態なら，状態らしく

$$x \longrightarrow \infty$$

とかくべきだろう．それなのにどうして，これは無限大だと
いって，∞の記号を1人歩きさせるのか……」

　わたしは，高校のとき，この迷いから抜け出そうともだえ
たものである．

×　　　　　　　　×

　無限大を1つのものとして，1つの実体として把握する道
は，とにかく，記号としての∞を1つの数のごとく使ってみ
ることではないかと思う．

　高校で，2次方程式

$$ax^2 + bx + c = 0 \qquad (b \neq 0)$$

は，$a \to 0$ とすれば1根の絶対値は無限大になることを証明
せよという問題があって，苦労したのを思い出す．

　$b > 0$ のときは

$$|\alpha| = \left| \frac{-b - \sqrt{b^2 - 4ac}}{2a} \right|$$

$$= \frac{|b|}{2|a|} + \sqrt{\frac{b^2 - 4ac}{4a^2}} \longrightarrow \infty$$

　$b < 0$ のときは

$$|\beta| = \left| \frac{-b + \sqrt{b^2 - 4ac}}{2a} \right|$$

$$= \frac{|b|}{2|a|} + \sqrt{\frac{b^2 - 4ac}{4a^2}} \longrightarrow \infty$$

　こんな証明をやったような気がする．ところが先生は $x =$

$\dfrac{1}{t}$ とおいて, $t=0$ を証明した.

$$a\left(\dfrac{1}{t}\right)^2+b\left(\dfrac{1}{t}\right)+c=0$$

$$a+bt+ct^2=0$$

$a=0$ とすると $t=0$ or $b+ct=0$

　　$t=0$ ならば $|t|=0$ 　　∴　$|x|=\infty$

　その鮮かさに驚いたのだが, 矢印の代りに記号∞を用いているのが, なんとも割り切れない気持であった. しかし, 立派に証明になっているように思えて質問の勇気は出なかった.

　　　　　　　　　　×　　　　　　　　　×

　この先生の解答では, 状態としての無限大が, 数としての無限大に変っているとみられよう.

　最近, 記号 $+\infty$, $-\infty$ を数と同格とみなし, 実数に追加して**広義の実数**と呼ぶ流儀の解析学の本が多くなった.

　$+\infty$, $-\infty$ と有限の実数との間の大小関係や四則を, どのように定めるのが合理的かは, 常識で十分見当がつくだろう.

　(i)　$+\infty$ はどんな実数よりも大き

　　　く, $-\infty$ はどんな実数よりも小さい.

　(ii)　加, 減, 除法（$+\infty$ は ∞ ともかく）

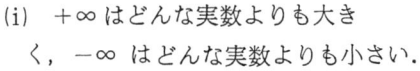

$$x+\infty=\infty,\quad x-\infty=-\infty$$

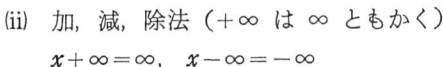

$$\dfrac{x}{\infty}=0,\quad \dfrac{x}{-\infty}=0$$

⒤　乗法

　　$x>0$ のとき

　　　　$x \cdot \infty = \infty, \quad x \cdot (-\infty) = -\infty$

　　$x<0$ のとき

　　　　$x \cdot \infty = -\infty, \quad x \cdot (-\infty) = \infty$

　　　　　　　　　×　　　　　　　　　×

　状態 と しての 無限大 は 常識的で 理解しやすいが，それを数として，あるいは，もっと一般にモノとしてつかむことは困難であるという意見がある．

　高校の教科書の検定で，

　　　　　　　$x \longrightarrow \infty$

の ∞ は許すが，$[2, \infty)$，$(-\infty, \infty)$ のような区間表示における∞はケシカランというのは，その意見の盲信であろう．

　では，モノとしての∞をつかませる有効な方法はなにか．「習うより慣れろ」ということもある．この場合に適切な学び方のように思われる．使っているうちにその有効性を知れば，∞の存在の意義もまたわかるというものである．∞は必要だから導入した記号であってみれば，その有効性と存在性とは表裏一体とみられるからである．

　　　　　　　　　×　　　　　　　　　×

∞の有効な具体例として，身近かなものにどんなものがあるか．わたしが高校で抱いた疑問の解明がその1つであろう．この疑問は双曲線の漸近線に深い関係がある．

　双曲線

$$\frac{x^2}{a^2} - \frac{y^2}{b^2} = 1$$

の漸近線が $\dfrac{x^2}{a^2}-\dfrac{y^2}{b^2}=0$,　すなわち

$y=\pm\dfrac{b}{a}x$ であることはグラフをみ
ればすぐわかるが，その証明は簡単
でない．高校の教科書を作るときに，
解説で苦労するものの1つになって
いる．

　この双曲線に1つの接線をかき，
その接点を無限に遠くへ移してみよ．
接線は限りなく漸近線に近づくだろ
う．このことから考えて，漸近線は
双曲線と無限に遠い点で接する直線
ではないかとの想像が頭をかすめよう．

　もしそうだとすれば，この事実にもとずいて，漸近線の 方
程式が 導かれる はずである．　すなわち，直線と双曲線の方
程式

$$\begin{cases} y=mx+n \\ \dfrac{x^2}{a^2}-\dfrac{y^2}{b^2}=1 \end{cases} \qquad ①$$

を連立させたとき，絶対値が∞の重根をもつ条件を出せば，
漸近線の方程式が求められるだろう．

　さて，一般に整方程式

$$a_0x^n+a_1x^{n-1}+\cdots+a_n=0$$

が絶対値が∞の根をもつための条件は，　2次方程式の場合と
同様に $x=\dfrac{1}{t}$ とおくことによって $a_0=0$ である．さらに，
絶対値が∞の根を重根にもつための条件は

$$a_0 = a_1 = 0$$

である．

　そこで，これを連立方程式①にあてはめればよいはず．①から y を消去し，x について整理すれば

$$\left(\frac{1}{a^2} - \frac{m^2}{b^2}\right)x^2 - \frac{2mn}{b^2}x - \left(1 + \frac{n^2}{b^2}\right) = 0$$

これが絶対値∞の重根をもつことから

$$\frac{1}{a^2} - \frac{m^2}{b^2} = 0, \quad \frac{2mn}{b^2} = 0$$

$m = \pm\dfrac{b}{a}$, $n = 0$ だから，直線 $y = mx + n$ は

$$y = \pm\frac{b}{a}x$$

となる．これ，まぎれもなく漸近線の方程式で，先の予想が適中した．

$$\times \qquad\qquad \times$$

　実感を深めるのに，1つの例では心細いというなら，他の例を追加しよう．

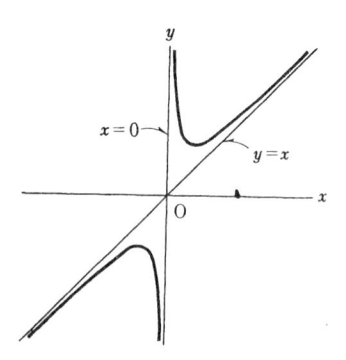

たとえば

$$y = x + \frac{1}{x} \qquad\qquad ②$$

はどうか. ありふれた関係だからグラフも漸近線も読者には
なじみ深いはず. 漸近線は

$$x = 0 \quad と \quad y = x$$

である.

　2つの漸近線を同時に導くのであったら, 直線の方程式を
$y = mx + n$ とおいてはいけない.　これでは y 軸に平行な直
線が抜けてしまう. すべての直線を代表する方程式としては,
パラメータ表示

$$x = x_1 + ct, \quad y = y_1 + st \qquad\qquad ③$$
$$(c, s) \neq (0, 0)$$

がよい. これを②に代入し, t について整理すれば

$$(cs - c^2)t^2 + (cy_1 + sx_1 - 2cx_1)t$$
$$+ (x_1 y_1 - x_1{}^2 - 1) = 0$$

これが絶対値∞の重根をもつことから

$$\begin{cases} cs - c^2 = 0 \\ cy_1 + sx_1 - 2cx_1 = 0 \end{cases}$$

これから

$$c = 0, \ x_1 = 0 \ \text{or} \ s = c, \ x_1 = y_1$$

　はじめの場合から　$x = 0$

　あとの場合から　　$y = x$

漸近線は既知の常識と一致した.

$$\times \qquad\qquad \times$$

既知のものばかりでは興味がうすいというなら，3次曲線

$$x^3 + y^3 = 3xy \qquad\qquad ④$$

を例にあげよう．これならグラフをかくのが容易でない．まして漸近線は予想がつくまい．

④に直線の方程式⑧を代入し，t について整理すれば

$$(c^3 + s^3)t^3 + 3(c^2 x_1 + s^2 y_1 - cs)t^2 + \cdots = 0$$

絶対値が∞の重根をもつための条件は

$$\begin{cases} c^3 + s^3 = 0 \\ c^2 x_1 + s^2 y_1 - cs = 0 \end{cases}$$

簡単にすると　$c + s = 0,\ \ x_1 + y_1 + 1 = 0$　となるから，直線の方程式は

$$x = x_1 + ct, \quad y = -x_1 - 1 - ct$$

これから t を消去して

$$x + y + 1 = 0$$

1つの漸近線をもつことがわかった．

④のグラフを参考のため挙げておく．

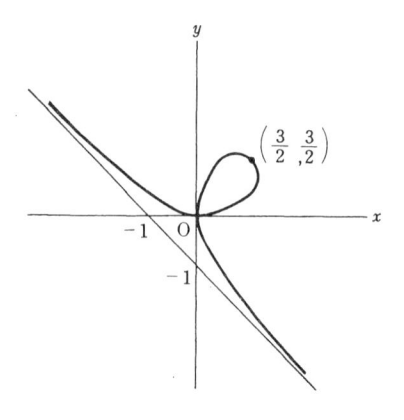

漸近線の話はこれ位にして，無限大∞の利用の手近かな別の例にうつることにしよう．

▨ 2次曲線のパラメータ表示と ∞

われわれは，2次曲線と直線はつねに2点で交わるという．これは方程式でみれば，連立方程式

$$\begin{cases} ax^2+2hxy+by^2+2gx+2fy+c=0 \\ px+qy+r=0 \end{cases}$$

が，2組の解をもつと同じ意味で，解として実のもののほかに虚なるものを認めているし，2重根を2つと数えることも常識であろう．虚根のときは，交点は虚点であるといい，実根のときは交点は実点であるともいう．重根のときの交点は2重点ともいう．

これで十分かというと，そうではない．たとえば

$$\begin{cases} x^2-y^2=1 \\ x-y=1 \end{cases}$$

を解いてみると，解は $x=1$, $y=0$ のみで，しかも重根にはなっていない．一体もう1組の解はどこへ姿を消したのか．

これを知るには，消去過程をもう一度書いてみるのがよい．y を消去すると

$$x^2-(x-1)^2=1$$
$$x^2-x^2+2x-1=1$$
$$0 \cdot x^2+2x-2=0$$

x^2 の係数が0になって，2次の項が姿を消したのだ．そうだとすると，われわれの予備知識によれば，$|x|=\infty, |y|=\infty$ を解に加えてよいはず．これを加えることによって，上の連立

方程式は2組の解をもつことになり，表現の一般性が確得されよう．

×　　　　　　　　×

　この事実をわれわれは高校ですでに利用しているのだが，はっきり意識している人は少ないかも知れない．

　2次曲線と直線は2点で交わるのだから，2次曲線上の1点Aを固定し，そこを通る直線 g を考えれば，g と2次曲線との交点のうちA以外の点は1つになる．その点をPとし，Pに実変数 t を対応させれば，2次曲線のパラメータ表示が得られる．

　一般に曲線のパラメータ表示では，実数 t （または複素数）から曲線上の点への一意対応を利用する．

$$t \longrightarrow \mathrm{P}(x, y)$$

この対応を

$$x = f(t), \qquad y = g(t)$$

とすると，これが曲線のパラメータ表示になる．

　その手近かな例として，円

$$x^2 + y^2 = 1 \qquad\qquad ①$$

のパラメータ表示を振り返ってみる．

　この円上の点 $\mathrm{A}(-1, 0)$ を通る直線の傾きを t とすれば，その方程式は

$$y = t(x + 1) \qquad\qquad ②$$

　①，②を連立方程式として解き，A以外の点の交点の座標を求めれば

$$x = \frac{1 - t^2}{1 + t^2}, \quad y = \frac{2t}{1 + t^2}$$

で，これはパラメータ t で表わした円の方程式でもあった．

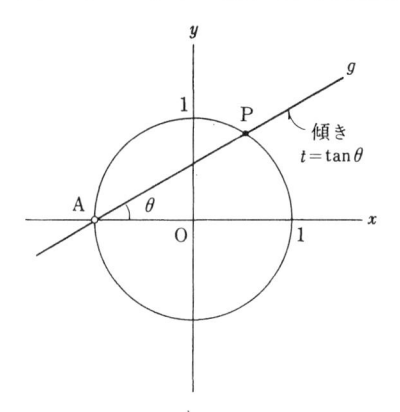

このパラメータ表示では A が含まれないが，$|t| \to \infty$ とすると $x \to -1$，$y \to 0$ となることから考えて，t を広義の実数の元とみて $|t| = \infty$，すなわち $t = \pm\infty$ には，点 $(-1, 0)$ が対応するとみれば，円全体を表わすことになる．ここにも無限大の有効性がみられよう．

×   ×

直角双曲線

$$x^2 - y^2 = 1$$

に同様のことを試みればどうなるか．A$(-1, 0)$を通る直線の方程式 $y = t(x+1)$ と，上の方程式とを連立させて解くと

$$x = \frac{1+t^2}{1-t^2}, \quad y = \frac{2t}{1-t^2}$$

$t = \pm\infty$ に点 A$(-1, 0)$ を対応させるくふうは前と変わらない．このほかに $t = \pm 1$ のときの対策が新しい課題になる．しかし，$t \to 1$ のときは $x \to \infty$，$y \to \infty$ または $x \to -\infty$，$y \to -\infty$ となり，また $t \to -1$ のときは $x \to \infty$，$y \to -\infty$

または $x \to -\infty, y \to \infty$ となって，事情はかなり複雑である．無限遠点として，4点

$$(\infty, \infty), (-\infty, -\infty), (\infty, -\infty), (-\infty, \infty)$$

を仮想すべきか，それとも，はじめの2点と，後の2点をそれぞれ同一とみるべきか，それとも4点を同一とみるべきか，簡単にきめかねよう．これに答えるには，新しいアイデアが必要なように思われる．

　それに答えることはあとへゆずり，上の双曲線の別のパラメータ表示に話を変えよう．

×　　　　　　　×

　双曲線 $x^2 - y^2 = 1$ と，その漸近線 $x - y = 0$ に平行な直線 $x - y = t$ との交点を求めてみよ．

$$\begin{cases} x^2 - y^2 = 1 \\ x - y = t \end{cases}$$

これを解くと

$$x = \frac{1}{2}\left(t + \frac{1}{t}\right), \quad y = \frac{1}{2}\left(-t + \frac{1}{t}\right)$$

となって，1組の交点がえられ，これは双曲線のパラメータ表示でもある．

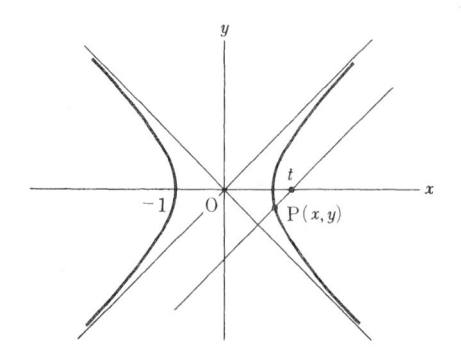

　解が1組であるのは，直線 $x-y=t$ と双曲線とは，最初から双曲線と1つの無限遠点で交わっていると考えられるためである．したがって，この場合も，双曲線上の1点を通る直線と双曲線との第2の交点を利用してパラメータ表示を作ったことに変わりはない．

　さて，この場合のパラメータ表示では t の値として0は除かれている．この特例を除外する道はなにか，$t \to 0$ としてみると，$x \to \infty$ のことも $x \to -\infty$ のことも起きる．y についても同様だから，無限遠点は複雑であって，前のパラメータの場合と，全く同じ困難に出会い，戸まどう．

▨ 無限遠点の合理的想定

　以上から，われわれは，無限遠点を合理的に想定せざるを得ない迷路へと追え込まれた感を深くする．

「平面上で無限遠点はいくつあるのか」

「双曲線は無限遠点で，どのようにつながっているのか」

「それに答えるには，漸近線が無限遠点でどうなっているか．また双曲線とはどうつながっているのか」

「さらに一般化して，直線は無限遠点においてどうなっているのか」

　無限遠点なるものを，だれも見たことはない．だとすると「どうなっているか」の問は「俺の行くとこ，とこだんべ」のごんべいの自問自答と変わらない．　「どうなっているか」は

「どう定めるべきか」の問に発展させるのでないと人間としての主体性を喪失しよう.

×　　　　　　×

　直線がその無限のかなたの両端においてつながっているのだとすると, 直線上には1つの無限遠点があることになろう. これをいまかりに P_∞ で表わしてみよう.

　数直線上で, 点 $P(x)$ で, $x \to +\infty$ とすれば P は一方の端の方へ限りなく移動し, やがて P_∞ に達するらしい. また $x \to -\infty$ とすると, P は反対の端の方へ限りなく移動し, やがて点 P_∞ に達するらしい.

　実数に追加した 正の 無限大 $+\infty$, 負の無限大 $-\infty$ と, 無限遠点 P_∞ とは区別すべき性質のものであることが明らかになって来た.

　しかし, 1つの解決は1つの疑問を生む. 数直線の座標では, 点と実数とは1対1に対応したのに, 無限遠点に限って2つの記号 $+\infty$ と $-\infty$ が対応するという矛盾. この矛盾をスカッと解決するのでなければ, あと味の苦さは永久につきまとうだろう.

×　　　　　　×

　実は, それをうまく解決する道の1つが斉次座標の概念であり, 幾何学的には射影空間なのである.

　しかし, これに系統的に答える余裕を, いまは持たないから, さし当って必要なことを明らかにしてみたい.

　直線上の点 P は, 2点 A, B を定めれば, P が AB を分ける比 $m:n$ によって表わされることを, われわれは知っている. したがって比 $m:n$ を点 P の座標とみることができる. ただ

し $m+n=0$ の場合は除外されるが，　$m:-m$ すなわち $1:$ -1 には，無限遠点を対応させることにすれば，比と点とは 1 対 1 に対応する．

これにならって，とにかく，直線上の点を 2 数の組で表わすのが斉次座標である．

数直線上の点 P の座標が x であるとき，

$$x=\frac{x_1}{x_2} \qquad (x_2 \neq 0)$$

と表わせば，x に対応して比の等しい 2 つの実数の組 (x_1, x_2) が定まる．その組は無数にあるが，それらは すべて点 P を表わすと考える．すなわち，2 つの組 (x_1, x_2)，(x_1', x_2') において

$$x_1'=kx_1, \quad x_2'=kx_2 \qquad (k \neq 0)$$

なる k が存在するときは，$\dfrac{x_1}{x_2}=$ $\dfrac{x_2'}{x_2'}=x$ であるから，(x_1, x_2)，(x_1', x_2') は同一の点 $P(x)$ を表わすと定める．たとえば $(2, -1)$ と $(-6, 3)$ は同じ点 $P(-2)$ を表わす．

この約束によると新しい座標 (x_1, x_2) は，x_2 が 0 でないならば，数直線上のすべての点を尽す．そして x_2 が 0 の座標 $(x_1, 0)$ に対応する点は存在しない．

ここで，座標 $(x_1, 0)$，$(x_1 \neq 0)$ を持つ点を数直線上に追加する．その追加する点はただ 1 つでよい．なぜかというに，任意の $(x_1, 0)$，$(x_1', 0)$ において

$$x_1' = kx_1, \quad 0 = k \cdot 0 \qquad (k \neq 0)$$

をみたす実数 k が存在するために，これらの座標をもつ点は1つに限ると約束するのが，自然だからである．この新しく追加した1点を P_∞ で表わし，**無限遠点**と呼ぶことにする．

　ふつうわれわれの取扱う数直線を**ユークリッド直線**といい，これに1つの無限遠点を追加した直線を**射影直線**という．射影直線は無限遠点でつながっており，円のように閉じている．

ユークリッド直線

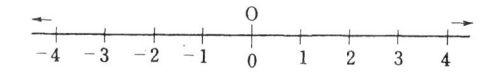

射影的直線

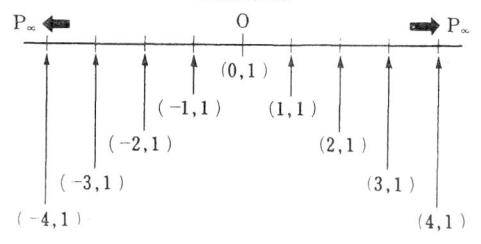

　ユークリッド直線上の点は実数と1対1に対応する．一方射影直線上の点は，2つの実数の組

$$(x_1, x_2) \qquad \text{ただし } (x_1, x_2) \neq (0, 0)$$

と対応するが，その対応は1対1ではない．しかし，比の等しいものを同一視し，たとえば

$$(2, -1) = (-2, 1) = (4, -2) = \cdots$$

のように約束すれば，点と座標の対応は1対1になる．

　以上のようにして作った座標を**斉次座標**と呼ぶのである．

　(x_1, x_2) は $x_2 \neq 0$ のときは，ユークリッド直線上の点を表

わすのだが，比の等しい座標を区別しないから，x_2 の値として 1 を選ぶとみたのでよい．

$$(x_1, x_2) = \begin{cases} (x_1, 1) \cdots\cdots ふつうの点 \\ (x_1, 0) \cdots\cdots 無限遠点 \ P_\infty \end{cases}$$

x_1, x_2 の少なくとも一方は 0 でない

斉次座標は導入過程からみると，無限遠点は特殊扱いになっているが，完成したものでは他と何の差別もないわけで，無限遠点は他の点と同格とみなければならない．

点 (x_1, x_2) で $x_2 \neq 0$ のとき，x_1 を一定にしておき，x_2 を 0 に近づけると

$\dfrac{x_1}{x_2} > 0$ のときは $x = \dfrac{x_1}{x_2} \to +\infty$ で，このとき

$$(x_1, x_2) \longrightarrow (x_1, 0)$$

$\dfrac{x_1}{x_2} < 0$ のときは $x = \dfrac{x_1}{x_2} \to -\infty$ で，このとき

$$(x_1, x_2) \longrightarrow (x_1, 0)$$

となって，$P(x)$ は $x \to +\infty$ のときも，$x \to -\infty$ のときも P_∞ に近づき，前に起きた矛盾が解決される．

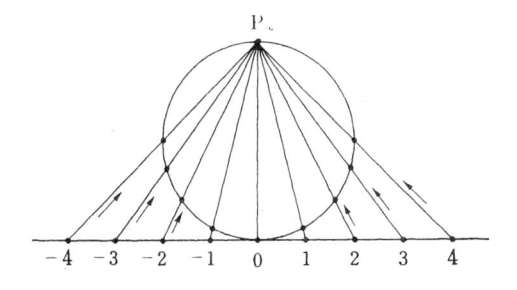

射影直線のモデルを作りたいのであったら，次の図のよう

にして，ユークリッド直線上の点を円上へ変換してみればよい．円上の点のうち，1つの点が対応からもれるが，その点を無限遠点 P_∞ とすれば，射影直線になる．

→**注**　円のパラメータ表示

$$x=\frac{1-t^2}{1+t^2}, \qquad y=\frac{2t}{1+t^2}$$

において，$t=+\infty$ と $t=-\infty$ に対応する点が1点A$(1, 0)$ であることの不合理は，円を射影直線化することによって解消できる．t の代りに斉次座標，

$(t_1, t_2)\neq(0, 0)$ を用いてみよ．上の式は

$$x=\frac{t_2{}^2-t_1{}^2}{t_2{}^2+t_1{}^2}, \qquad y=\frac{2t_1t_2}{t_2{}^2+t_1{}^2}$$

と変わる．この式で $t_2=0$ とおいてみると

$$x=-1, \quad y=0$$

となって，Aの座標がすなおにでて，パラメータの値 $(t_1, 0)$ にはA の対応することがわかる．t の代りに (t_1, t_2) を用いることは，直線の傾きの代りに方向ベクトルを用いることである．

$$\times \qquad\qquad \times$$

方程式

$$a_0x^n+a_1x^{n-1}+\cdots+a_n=0 \qquad\qquad ①$$

が絶対値が∞の根をもつことを，斉次座標の世界に翻訳しよう．それには，まず $x=\dfrac{x_1}{x_2}$ を代入した方程式

$$a_1x_1{}^n+a_1x_1{}^{n-1}x_2+\cdots+a_nx_2{}^n=0 \qquad\qquad ②$$

を作り，これが根 $(x_1, 0)$ を持つ条件を求めることになる．その条件は②の右辺が x_2 を因数にもつことであるから

$$a_0=0$$

となって前に求めた結果と一致する．

さらに①が絶対値∞の根を重根に持つ条件は，②の左辺が

$x_2{}^2$ を因数にもつことで

$$a_0 = a_1 = 0$$

となり，これも前に知った結果と一致する．

▨ 射影平面の構成

射影平面をふつうの平面，すなわちユークリッド平面から導くことについては，くわしい説明を必要としないだろう．

xy 平面上の座標 (x, y) を斉次座標に直せばよい．それには

$$x = \frac{x_1}{x_3}, \ y = \frac{x_2}{x_3}$$

とおいて，3つの実数の組 (x_1, x_2, x_3) を作ればよい．

$x_3 \neq 0$ のとき，この斉次座標は点 $\mathrm{P}\left(\dfrac{x_1}{x_3}, \dfrac{x_2}{x_3}\right)$ を表わす．

$x_3 = 0$ のときは除外されているが，この場合も許すことにし，点 $(x_1, x_2, 0)$ は無限遠点を表わすと考え，これとユークリッド平面とを合せたものを射影平面ということにする．

ただし，数座標 (x_1, x_2, x_3) においては，x_1, x_2, x_3 の少なくとも1つは0でないとする．なお，2つの斉次座標

$$(x_1, x_2, x_3) \qquad (x_1', x_2', x_3')$$

は，

$$x_1 : x_2 : x_3 = x_1' : x_2' : x_3'$$

のとき，すなわち

$$x_1' = kx_1, \ x_2' = kx_2, \ x_3' = kx_3 \quad (k \neq 0)$$

をみたす実数 k が存在するとき，同一の座標とみなし，したがって同一の点を表わすと考える．

このように約束すれば，ふつうの点を表わす**座標**としては $x_3 = 1$ とおいた $(x_1, x_2, 1)$ を選んでよいことになる．

$$(x_1, x_2, x_3) \begin{cases} (x_1, x_2, 1) \quad \text{ふつうの点} \\ (x_1, x_2, 0) \quad \text{無限遠点} \end{cases}$$

↑

x_1, x_2, x_3 の少なくと
も1つは0でない

　射影平面では導入過程にこだわって，無限遠点を特別あつ
かいしない心構えが必要である．

　　　　　　　　　×　　　　　　　　　　×

　さて，無限遠点はいくつあるだろうか．射影直線では1つ
であったが，射影平面では事情が異なる．x_1, x_2 は任意の実
数だから，$(x_1, x_2, 0)$ の中には異なるものが無数にあり，無
限遠点も無数にある．たとえば $(1, 2, 0)$ と $(1, 3, 0)$ とでは

$$1 : 2 : 0 \neq 1 : 3 : 0$$

だから，異なる座標で異なる点を表わす．

　では，これらの無数の無限遠点の集合は，どんな図形を作
っているだろうか．

　　　　　　　　　×　　　　　　　　　　×

　xy 平面上の直線の方程式は

$$ax + by + c = 0$$

であった．この式に $x = \dfrac{x_1}{x_3}$，$y = \dfrac{x_2}{x_3}$ を代入して導いた方程
式

$$ax_1 + bx_2 + cx_3 = 0 \qquad\qquad ①$$

を，射影平面上の直線を表わすとみるのは自然なことであろ
う．ただし a, b, c の少なくとも1つは0でないとの仮定を
おく．

　①の特別なる場合として，$a = 0$，$b = 0$，$c \neq 0$ のもの，すな

わち

$$0 \cdot x_1 + 0 \cdot x_2 + c \cdot x_3 = 0 \qquad ②$$

をみると，これはすべての無限遠点の座標 $(x_1, x_2, 0)$ によってみたされる．したがって，無限遠点の集合は1つの直線を作り，その直線の方程式は②，すなわち

$$x_3 = 0$$

によって表わされることがわかる．

　名は無限遠直線でも，射影平面上では，他の直線と差別するわけではないから，図をかくときは，平面上に1直線をひき，これが無限遠直線だと思えばよいだけのこと．この直線は g_∞ で表わすことにしよう．

▨ 射影平面上の2次曲線

　射影平面上における2次曲線の方程式の一般形は

$$ax^2 + 2hxy + by^2 + 2gx + 2fy + c = 0 \qquad ①$$

に，$x = \dfrac{x_1}{x_3}$, $y = \dfrac{x_2}{x_3}$ を代入して導いたもの

$$ax_1{}^2 + 2hx_1x_2 + bx_2{}^2 + 2gx_1x_3 \\ + 2fx_2x_3 + cx_3{}^2 = 0$$

である．項の順序をかえて

$$ax_1{}^2 + bx_2{}^2 + cx_3{}^2 \\ + 2fx_2x_3 + 2gx_3x_1 + 2hx_1x_2 = 0 \qquad ②$$

とかけば形が整い，しかも係数の順序も

$$a \to b \to c \qquad f \to g \to h$$

とアルファベット順になって見やすい．

　それは当然なこと．①の係数の文字は，②を予想し，あら
かじめ定めたものなのだ．

　2次曲線①は

$$h^2 - ab > 0 \quad \text{のとき双曲線}$$
$$h^2 - ab = 0 \quad \text{のとき放物線}$$
$$h^2 - ab < 0 \quad \text{のとき楕円}$$

であった．この区別は射影平面上でみるとどうなるだろうか．

　②において $x_3 = 0$ とおいてみよ．

$$ax_1^2 + 2hx_1x_2 + bx_2^2 = 0 \qquad\qquad ③$$

　この実数解から定まる $(x_1, x_2, 0)$ は，2次曲線と無限遠直
線 $x_3 = 0$ との交点を表わす．

　したがって $h^2 - ab$ は③の判別式であることに注意すれば，
次の結論が得られる．

　2次曲線と無限遠直線とが

　　　　　交わるとき…………双曲線
　　　　　接するとき…………放物線
　　　　　出会わないとき……楕円

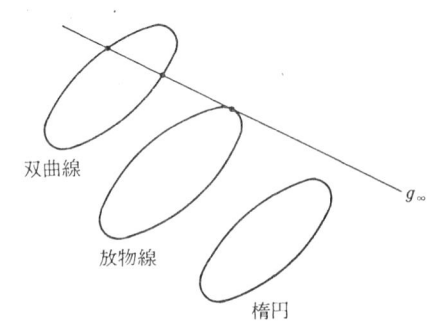

さてさて，不思議なる結論に達した．数学における芸術性

とはこのことであろう．無限大の合理的記号化の所産が，奇術をとび越えて魔術を産み出した．

　この魔術も，以上の約束と推論過程を認める限り，信ぜざるを得ない．

　無限遠直線 g_∞ を，ふつうの位置にかいてあるために，双曲線は双曲線らしくなく，放物線は放物線らしくない．g_∞ を無限のかなたへ移した場合を想像したものが，われわれが常識として知っている 2 次曲線である．とはいっても，その想像は容易でない．放物線はまあなんとか想像できるとしても，双曲線は無理であろう．g_∞ を無限のかなたに移すと，双曲線の半分も無限のかなたに移るように思われるからである．

×　　　　　　×

　この想像の 困難は，射影平面の 正体を 探らずに，ユークリッド平面上に気軽に図解したことに原因がある．

　では，一体射影平面はどのように図解できるか．

　射影平面上の直線，すなわち射影直線は方程式でみると

$$ax_1 + bx_2 + cx_3 = 0$$

であった．この直線 g と g_∞ との交点をみるため，$x_3 = 0$ とおいてみよ．

$$ax_1 + bx_2 = 0 \quad \therefore \quad x_1 : x_2 = b : -a$$

$$\therefore \quad x_1 : x_2 : 0 = b : -a : 0$$

　この式は，直線 g と g_∞ とは，1 つの点

$$(b, -a, 0)$$

で交わることを表わしている．つまり，射影平面上では，g_∞ 以外の直線は g_∞ と 1 点で交わる．

　この事実をみたすような平面を図解すれば射影平面のモデルになるわけだが，実際にやってみると，意外とむずかしく，常識的な曲面ではないことに気付く.

　モデル作成の手順の一例を示そう.

　まずユークリッド平面をちぢめて，半球面にかえる．それには，次の図によって変換を行なえばよい.

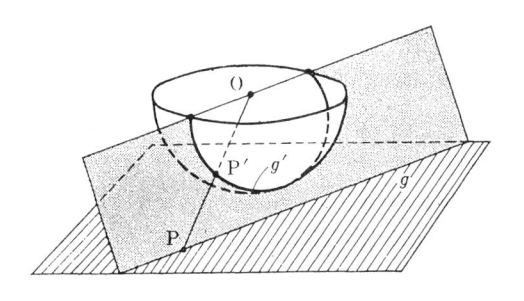

　図で，平面上の任意の点Pと球の中心Oを結べば，その線分は半球面と1点 P' で交わる．そこで P に P' を対応させれば，平面上のすべての点は，半球面上へうつる．ただしこの半球面の境界である切口は除外される.

　平面上の直線は球面上の円弧になるが，その両端は除かれる．この円弧を射影直線とするためには，両端の点を無限遠点とすればよい．ところが，射影直線上には無限遠点は1つしかなく，そこでつながっているのだから，円弧の両端の点を重ねて，閉じた曲線を作らなければならない.

　その操作は，1つの円弧でみればなんでもないが，すべての円弧について試みるとなると，互にからみあって，しまつが悪い.

　この操作は半球面全体でみると，　無限遠直線 $x_3 = 0$ に当たる切口の線をぬい合わせて，　閉じた曲面を作ることである．

　しかし，P を P′ に合わせると同時に，Q を Q′ へ，R を R′ へというように合わせなければならないとは至難のこと．進退きわまって，最後に考えついたのが，つぎめのところで曲面のかみ合う図のようなモデルである．本物の射影平面は

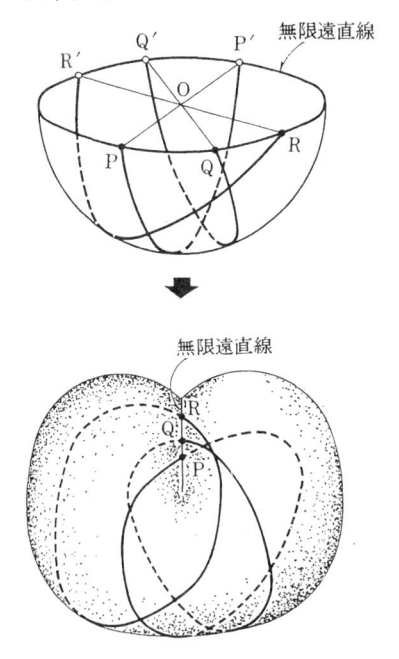

　1つの閉曲面で，このようにかみ合ってはいないのだが，われわれの住む3次元空間にモデルを作ろうとすると，こういう無理は避けようがないのである．モデルの不完全を補う役目は人間の頭でやる．

×　　　　　×

このモデルの上に無限遠直線 g_∞ と2点で交わる2次曲線をかいてみよ. それが双曲線である. g_∞ の附近は浮世には

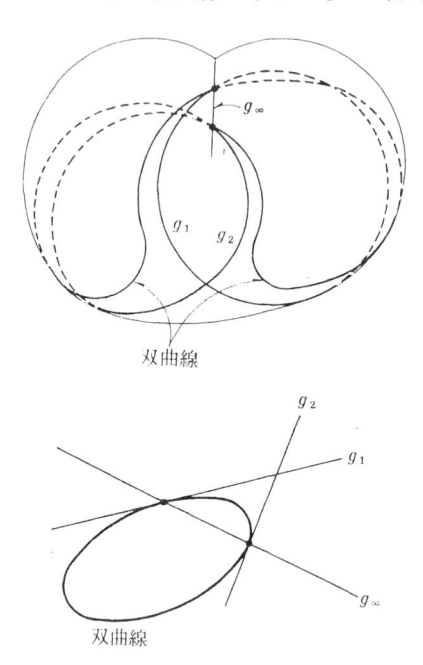

双曲線

双曲線

縁のないものと考えて無視し, 残りの部分を見れば, 多少双曲線のイメージに近づくだろう.

×　　　　　×

漸近線は無限遠点において2次曲線に接する直線であった. 2次曲線が双曲線ならば, 漸近線は2つある. それを g_1, g_2 としてモデルに添えてみよ. モデルがないよりはある方が, 多少実感を増すだろう.

放物線には重なった2つの漸近線があり, それは無限遠直線自身であるから, 浮世をさまようわれわれには見えない.

　楕円の漸近線は虚なる２直線だから，この世の人の目にとまらない．「神様だけが知っている…」ということか．

$$\times \qquad\qquad \times$$

　最後に漸近線の方程式を射影平面を用いて導くことを明らかにし，筆を置くことにしよう．

　双曲線の方程式として一般形を選ぶと計算が煩雑だから標準形を選ぶ．

ユークリッド平面　　　射影平面

双曲線　　　　　　　双曲線

$$\frac{x^2}{a^2}-\frac{y^2}{b^2}=1 \quad\Rightarrow\quad \frac{x_1{}^2}{a^2}-\frac{x_2{}^2}{b^2}=x_3{}^2$$

曲線上の点 (X, Y)　曲線上の点 (X_1, X_2, X_3)

における接線　　　　における接線

$$\frac{xX}{a^2}-\frac{yY}{b^2}=1 \quad\Rightarrow\quad \frac{x_1 X_1}{a^2}-\frac{x_2 X_2}{b^2}=x_3 X_3$$

　はじめに，射影平面上で，双曲線と無限遠直線との交点を求める．それには連立方程式

$$\begin{cases} \dfrac{x_1{}^2}{a^2}-\dfrac{x_2{}^2}{b^2}=x_3{}^2 \\[2mm] x_3=0 \end{cases}$$

を解けばよい．この解は

$$(x_1, x_2, x_3)=(a, b, 0),\ (a, -b, 0)$$

　この点における接線が漸近線であるから，漸近線の方程式は，接線の式の (X_1, X_2, X_3) に上の解を代入したもの

$$\frac{x_1}{a}-\frac{x_2}{b}=0, \qquad \frac{x_1}{a}+\frac{x_2}{b}=0$$

である．この直線から無限遠点を除き，その方程式をユーク
リッド空間へもどせば

$$\frac{x}{a}-\frac{y}{b}=0, \qquad \frac{x}{a}+\frac{y}{b}=0$$

となって，ありふれた方程式が現われる．

6. 拡張の原理

数学は方法論からみると，抽象的，形式的，整合的，論理的などの特徴を備えており，公理主義はその総括とみられないこともない．内容と方法とは不可分の関係にあるがゆえに，これらは数学の内容の特徴でもある．ブルバキ流の構造主義は，これらの特徴の内容的側面の総括とみられよう．

数学の種々の概念，法則などは，その適用範囲の拡大が絶えず試みられて来たし，いまも止むことなく進行している．これには適切な呼び名がないから，かりに**拡張の原理**と名づけておこう．この原理は，以上の数学の特徴のカテゴリーから脱落するものではなく，数学をある側面より眺めたものであるが，それだけに数学の個性を鋭角的に表出しているといえそうである．

拡張の原理として，古から有名なものに，**形式不易の原理**というのがある．これはハンケル(Hankel ドイツ人 1839 -1873) が，複素数論ではじめて確立したもので，その名をとり**ハンケルの原理**ということもある．

公理主義を形式的に受け入れるならば，公理系をかってに選ぶことによって，1つの数学を形成できることになるはず

である．もしそうであったとしたら，数学は無限の内容を含み，手に負えないものとなろう．実際はそうなっていない．ということは，数学を人間精神の自由な創造物とみることは，数学者のうぬぼれに過ぎないということであろう．人間精神の自由な創造物のうち，歴史の中に生き残るのは，何らかの価値あるものに限られる．その価値を規定するものが，実在と称するものである．しょせん人間の創造は，実在の制約から脱することはできないものとみえる．

ハンケルはこの事実を複素数の拡張において見たわけである．実数にくらべれば，複素数は人為的であるが，その演算は依然実数の演算と同じ法則をみた

すように作られる．ハンケルは，この事実を驚異をもって眺めたにちがいない．演算の理論の本質は，その対象にあるのではなく，演算の本質にあるというのが，彼の見方である．

この見方は，現代では，対象不在，実在軽視として，批判の余地があるが，数学から完全に姿を消すとは考えられない．なぜかというに公理主義は実在解明の方法論ではあるが，公理系が内容を規定するとの原理に支えられていることは否定できないからである．

$$\times \qquad\qquad \times$$

形式不易の原理で，もっとも身近なものは，高校で学ぶ，指数の拡張であろう．この拡張は，一般化すれば，乗法群の元の累乗の拡張である．これを加法群へ投影したものが倍概

念の拡張とみられよう.

　倍概念の拡張は，指数の拡張以上に，われわれに身近なもので，すでに小学校で親しんだ.

　実数の乗法として，量の乗法，たとえば

　　　　速さ×時間＝距離

　　　　面積×長さ＝体積

などが根源的か，それとも，倍概念が根源的かということは，算数教材の系統化に大きな影響を与える．この意見の相違のために，算数教育は 2 派に分かれ，永い間争われて来た.

　どれを根源的とみるかはともかくとして，倍概念自体が，数学の中で重要なものであることには疑問の余地がないだろう．測定の初歩は，同種の量の比較にはじまるわけで，そこに，すでに，倍概念の萌芽がみられる.

　ここで算数教育を論ずる気はない．乗法群で，累乗がどのように拡張されるか，加法群において，倍がどのように拡張されるか．またその拡張でどんな法則が最終的に保存されるか．これらを形式的に振り返ってみようというのが今回のねらいである.

　この気になったのは，ある先生から，ベクトルの実数倍が，加法から導かれそうなのに，どうして実数倍を定義するのかといった質問を受けたからである．同様の疑問は学生も抱くことがある．たしかに

$$a+a=2a, \quad a+a+a=3a$$

などから出発すれば，ベクトルの正の整数倍は簡単に出る．反ベクトル $-a$ を用いれば，負の整数倍も定めうるだろう．さらに，くふうすれば，有理数倍，さらに実数倍へと進む道がありそうな予感がするわけで，あらたまって実数倍を定義

しなくてもよいように思われてくる。果して，予感どおりう
まくいくだろうか。それに答えるのが，今回のねらいの1つ
になろう。

　指数の拡張は，高校の反芻になり，新鮮味を失うおそれが
あるから，倍の拡張を中心に話をすすめるのが無難であろう。

▨ はじめに加群ありき

　加群を想定し，加法を手がかりとして，倍を考えることに
する。

　よく知られているように，**加群**は**加法群**ともいい，可換群
の演算を加法の記号＋で表わしたもののことである。

　出発点をはっきりさせるため，加群 G のみたすべき条件
を列記しておこう。

　(1)　G は**加法**について閉じている。
すなわち

$$A, B \in G \text{ ならば } A + B \in G$$

　(2)　**結合律**をみたす。すなわち，任意の元 A, B, C につ
いて

$$(A + B) + C = A + (B + C)$$

　(3)　**可換律**をみたす。すなわち，任意の元 A, B につい
て

$$A + B = B + A$$

　(4)　任意の元 A に対して

$$A + X = X + A = A$$

をみたす元 X が，A に関係なくただ1つ存在する。その X

は O で表わし**零元**または**零**という． したがって

$$A+O=O+A=A$$

(5) 任意の元 A に対して

$$A+X=X+A=O$$

をみたす元 X が，それぞれ1つずつ存在する． その X を $-A$ で表わし，A の**反数**という． したがって

$$A+(-A)=(-A)+A=O$$

$$\times \qquad\qquad \times$$

加群のみたす条件は以上で尽きる． 群を大文字で表わしたときは，その元を小文字で表わすのが慣用と思うが，後で倍を表わすのに小文字を用いるので，両者の区別を容易にすることを考慮し，大文字を用いた．

$$\times \qquad\qquad \times$$

以上の条件によって，**減法の可能性**が保証される． 減法は加法の逆算で，加法によって定義される．

(6) 任意の2元の列 (A, B) に対して

$$B+X=X+B=A$$

をみたす X がただ1つ定まる． その X は

$$A+(-B)$$

であって，これを $A-B$ で表わし，A, B の**差**といい,新しい演算－を**減法**というわけである．

$$A-B=A+(-B)$$

$$B+(A+B)=(A+B)+B=A$$

さらに，あとで，よく用いられる定理を準備しておこう．

（7）　結合律の拡張

任意の元 $A_1, A_2, \cdots, A_n$ について

$$(A_1 + A_2 + \cdots + A_r) + (A_{r+1} + \cdots + A_n)$$
$$= A_1 + A_2 + \cdots + A_r + A_{r+1} + \cdots + A_n$$

が成り立つ．

（8）　可換律の拡張

任意の元 $A_1, A_2, \cdots, A_n$ の順序を自由に入れかえたものを $B_1, B_2, \cdots, B_n$ とすると

$$A_1 + A_2 + \cdots + A_n = B_1 + B_2 + \cdots + B_n$$

が成り立つ．

（9）　$-(-A) = A$

（10）　$-(A+B) = (-B) + (-A)$

この等式は，右辺に可換律を用いて $(-A) + (-B)$ とし，さらに減法にかえて $-A-B$ とかえることができるので，ふつう

$$-(A+B) = -A-B$$

と表わしてある．

（11）　$-(A-B) = B + (-A)$

これも，右辺は $(-A) + B$，さらに $-A+B$ とかきかえられるから

$$-(A-B) = -A+B$$

としたのでよい．

▨ 倍拡張のアウトライン

倍の出発駅は自然数倍（正の整数倍）で，終着駅は実数倍で

ある．その中間の駅として，整数倍と有理数倍がある．

　自然数を有理数へ拡張するには，負の数の導入と分数の導入が必要であるから，そのどちらを先にするかによって，コースは2つに分かれる．

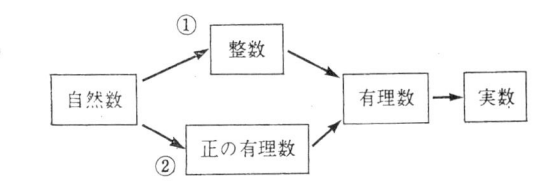

　現在の義務教育における拡張は②のコースで，数の史的発生の順序に即している．高校における指数の拡張は，教科書によって異なるが，①のコースのものが多い．A を実数，n を正の整数とすると，$\dfrac{1}{A^n}$ を A^{-n} で表わすことは，A が0でない限りつねに可能であるから，負の整数への拡張は容易である．ところが，$B^n = A$ をみたす B は，A, B を正の数に制限するのでないと，A，n に対して B が一意には定まらず，分数指数の拡張は簡単でない．

　一般的にみて，倍の拡張は，加群との関連もあって，①のコースが望ましい．なぜかというに，加群には反数 $-A$ があるので，これによって，つねに負の整数倍を定義できるからである．分数倍を定義するには，n, A に対して，$nB = A$ となるような元 B が一意的に定まらなければならないが，それがすべての加群で可能とは限らない．

　したがって，ここでは①のコースを選ぶことにする．

▨ 出発駅としての自然数倍

　自然数倍は累加から出発する．加群 G の任意の元を A とするとき，その n 個の和を nA で表わす．すなわち

　　〈定義1〉　　$\underbrace{A+A+\cdots+A}_{n\ \text{個}}=nA$

　この定義は A が1つのときも認めているから

　　　　　　　$A=1A$

を含んでいる．

　この定義から，直ちに導かれる等式を明らかにしよう．

　[1]　m, n が自然数のとき

　　　　$(m+n)A=mA+nA$

　証明はいたって簡単であるが，根拠となる法則の確認が重要であるから，とばさずに試みる用心深さを期待したい．

　　$(m+n)A$
　　　$=\underbrace{(A+A+\cdots+A)}_{m\ \text{個}}+\underbrace{(A+A+\cdots+A)}_{n\ \text{個}}$
　　　$=\underbrace{A+A+\cdots+A+A+A+\cdots+A}_{(m+n)\ \text{個}}$
　　　$=(m+n)A$

用いた法則が分かって頂けたかどうか．途中で行なわれたカッコの省略は，結合律を拡張したものである．

　[2]　m, n が自然数のとき

　　　　$n(mA)=(nm)A$

これも，わかり切ったものであるが，証明をバカにしてはいけない．

　　$n(mA)=\underbrace{mA+mA+\cdots+mA}_{n\ \text{個}}$　　　　　①

$$= A + A + \cdots + A \qquad ②$$
$$\underbrace{}_{nm \text{ 個}}$$
$$= (nm)A$$

①から②へ移るところで，結合律の拡張が用いられるのだが，ボンヤリしていては気付くまい．
①から

$$(A + \cdots + A) + (A + \cdots + A) + + (A + \cdots + A)$$

このカッコを略して②を導くときカッコの省略が起き，結合律が必要になる．

　[3]　n が自然数のとき

$$n(A + B) = nA + nB$$

　この証明には，拡張した結合律と同時に可換律も必要である．たとえば $n=3$ のときをみると

$$3(A + B) = (A + B) + (A + B) + (A + B)$$
$$= A + B + A + B + A + B \qquad ①$$
$$= A + A + A + B + B + B \qquad ②$$
$$= (A + A + A) + (B + B + B)$$
$$= 3A + 3B$$

　①から②へ移るところで，拡張した可換律が使われた．任意の n のときも同様であるから読者におまかせし，先を急ぐことにする．

　なお非常に特殊なものではあるが，零元 O の特性として，次の等式を挙げておくのが望ましい．

　[4]　$nO = O$

　O は特殊な元で，任意の元 A に対して

$$A + O = O + A = O$$

であったから，A が O のときは $O+O=O$ となる．これを
繰り返し用いることによって，上の等式が導かれる．

×　　　　　　　×

ここで，分配律の拡張に触れておこう．[1] と [3] はとも
に，倍に関する分配律であるが，両者を区別するために [1]
を**第1分配律**，[2] を**第2分配律**と呼ぶことがある．

分配律 $\left[\begin{array}{l}\text{第1分配律 } (m+n)A=mA+nA \\ \text{第2分配律 } n(A+B)=nA+nB\end{array}\right.$

どちらも，減法の場合へたやすく拡張される．

[1′]　m, n が自然数で，$m>n$ のとき

$$(m-n)A=mA-nA$$

[3′]　m, n が自然数のとき

$$n(A-B)=nA-nB$$

自然数倍を定義したに過ぎないから，[1′] で $m>n$ の制
限が必要．[2′] の A, B には制限がない．

証明は，倍の定義にもどってもよいが，それでは推論の構
造化にそむく．　減法は加法の逆算であることにもとづき，
[1], [2] から導く推論に親しんで頂きたい．

$(m-n)A+nA$

　$=((m-n)+n)A$　　　[1] による．

　$=mA$

ここで，減法の定義 (6) を用い

$$(m-n)A=mA-nA$$

[3′] の証明もこれにならう．

$n(A-B)+nB$

　$=n((A-B)+B)$　　　[3] による．

$$=nA \qquad\qquad (6) \text{ による.}$$

再び (5) により

$$n(A-B)=nA-nB$$

▨ 整数倍への拡張

倍を自然数から整数へ拡張するに
は，0 と負の整数についての倍を定
義すればよい．では何をもとにして
定義するか．身勝手な定義は，ブー
ラメンの運動に似て，やがて災とな
ってわが身にふりかかるのが数学で
ある．その災を未然に防いでくれる
のがハンケルの原理である．この原
理は転ばぬ前の杖として愛用すれば，
合理化，整合化がもたらされ，秘め
られた形式の美に接することにもな
り，数学の芸術性とやらを楽しめよ
う．

すでに導いた等式，たとえば，第 1 分配律

$$(m+n)A=mA+nA \qquad\qquad ①$$

が，かりに $m=n=0$ のときも成り立ったと仮定してみよ．
$0+0=0$ だから

$$0A=0A+0A$$

したがって，減法の定義 (5) によって

$$0A=O$$

この式は，われわれに 0 倍の定義を教えてくれる．

〈定義 2 〉　任意の元 A に対し

$$0A=O$$

と定める．

このようなことを負の整数倍にも試みよう．①が，かりに $m=-n$ のときにも成り立ったとすると

$$(-n+n)A=(-n)A+nA$$
$$0A=(-n)A+nA$$

$0A=O$ と定めたから

$$(-n)A+nA=O$$

したがって，反数の定義 (5) によって

$$(-n)A=-nA$$

この式の内容をすなおに受け入れ，次の定義を置く．

〈定義 3 〉　n が自然数のとき

$$(-n)A=-nA$$

と定める．

つまり，nA の反数 $-nA$ を A の $-n$ 倍と定め $(-n)A$ で表わすことにする．

以上のようにして拡張した整数倍については，どんな定理が成り立つか．それを明らかにするのが次の関心である．

[5]　$(-1)A=-A$

定義 3 で n に 1 を代入するだけのこと．

[6]　n が自然数のとき

$$-nA=n(-A)$$

この定理の証明で，はじめて加群の性質の(10)が顔を出す．

これを繰り返し用いることによって

$$-(A_1+A_2+\cdots+A_n)$$
$$=(-A_1)+(-A_2)+\cdots+(-A_n)$$

ここで $A_1=A_2=\cdots=A_n=A$ とおくことによって

$$-nA=n(-A)$$

→注　この等式が成り立つので，A の $-n$ 倍，すなわち $(-n)A$ を，$-nA$ のことと定義しても，$n(-A)$ のことと定義しても，結果は一致することが分る.

$$\times \qquad\qquad \times$$

前に明らかにした自然数について成り立つ等式は，整数においても成り立つだろうか. それを順に当ってみる.

[7]　m, n が整数のとき

$$(m+n)A=mA+nA$$

G は可換群であるから，上の等式は m と n を入れかえても成り立つ. そこで証明の場合分けは

$$n=0 \text{ のとき}$$
$$n<0, m>0 \text{ のとき}$$
$$n<0, m<0 \text{ のとき}$$

の3つで十分である.

$n=0$ のとき

$$\text{左辺}=(m+0)A=mA=mA+O$$
$$=mA+0A=\text{右辺}$$

$n<0, m>0$ のとき

$n=-n'$ とおくと，n' は自然数である. $m>n'$ ならば

$$\text{左辺}=(m-n')A=mA-n'A$$

$$= mA + (-n'A) = mA + (-n')A$$
$$= mA + nA = 右辺$$

$m = n'$ ならば, 自明に近い.

$m < n'$ ならば

$$\underline{左辺} = (m - n')A = (-(n' - m))A$$
$$= -(n' - m)A = -(n'A - mA)$$
$$= mA - n'A = mA + (-n'A)$$
$$= mA + (-n')A = mA + nA = 右辺$$

$n < 0,\ m < 0$ のとき

$$\underline{左辺} = (-m' - n')A = (-(m' + n'))A$$
$$= -(m' + n')A = -(m'A + n'A)$$
$$= -m'A - n'A = (-m'A) + (-n'A)$$
$$= (-m')A + (-n')A = mA + nA = 右辺$$

どこで, どんな定理を用いたか, 一歩一歩かみしめて頂きたい.

[8]　m, n が整数のとき

$$n(mA) = (nm)A$$

この等式は m, n について平等でないから, 証明の場合分けは

$m = 0$ のとき
$n = 0$ のとき
$m < 0,\ n > 0$ のとき
$m > 0,\ n < 0$ のとき
$m < 0,\ n < 0$ のとき

の5つが必要である. これら のうち, たとえば $m < 0,\ n > 0$ の場合を証明してみる.

$n=-n'$ とおくと

$$左辺=(-n')(mA)=-n'(mA)$$
$$=-(n'm)A=(-n'm)A$$
$$=((-n')m)A=(nm)A=右辺$$

他の場合も大差ないから読者の課題として残す.

[9] n が整数のとき

$$n(A+B)=nA+nB$$

$n=0$ のときは自明に近い. $n<0$ のときは $n=-n'$ とおけば簡単に証明される.

$$左辺=(-n')(A+B)=-n'(A+B)$$
$$=(-n'A)+(-n'B)$$
$$=(-n')A+(-n')B$$
$$=nA+nB=右辺$$

$$\times \qquad\qquad \times$$

われわれはここで, 定理について起きつつある状況の変化に注目しなければならない. その状況の変化とは, 定理の座を他の定理にうばわれ, 次第に勢力を失いつつある定理があるという事実である.

定理 [1'] を呼び, その真相をきくがよい.

$$(m-n)A=mA-nA$$

「わたしは, 自然数倍の時代には, 大地主というほどではないまでも, 広い農園をもち, 小作人も20人ほど

いましたな．人のうらやましがるような暮しでしたよ．それ
がどうです，整数倍の時代になってからというものは，何を
やってもうまくいかない．借金の身代りだといって農園は隣
りの大地主にとられ，いまはごらんのとおりの貧乏暮しです．
訪ねてくる人もめっきりへって，淋しいもんです」

　自然数倍のときは重要であったこの定理が，整数倍にかわ
って，急に影がうすくなったのは，定理[1]に包含させるこ
とが，簡単にできるためである．

　[1′] を

$$(m+(-n))A=mA+(-n)A$$

とかきかえてみよ．これは [1] の n を $-n$ で置きかえたも
のに過ぎない．こうなっては，[1′] の存在意義が低い．

　定理 [3′]

$$n(A-B)=nA-nB$$

も同様の運命で，[3] の中の B を $-B$ で置きかえたものに
過ぎない．

　同様の価値の変動は定義3の等式

$$(-n)A=-nA$$

でも起こった．この両辺をいれかえ

$$(-1)(nA)=((-1)n)A$$

とかきかえてみよ．定理 [8] の m を n, n を -1 で置きかえ
たものに過ぎない．

　また定理 [6]

$$-nA=n(-A)$$

は，定理 [8] を用いることによって，簡単に導かれて，あり
し日の権威はうすれる．

$$-nA=(-1)(nA)=((-1)n)A$$
$$=(n(-1))A=n((-1)A)$$
$$=n(-A)$$

使命を終わり静かに去りゆく法則の姿を，人生航路に投影し，その映像に思いを馳せるのも，数学の芸術性の観賞であろう．

▨ 有理数倍への拡張

倍の整数から有理数への拡張には大きな障害がある．2つの整数 $m, n\ (n\neq0)$ および元 A に対して

$$nB=mA$$

をみたす B があり，しかも，それがただ1つに限るならば，それを

$$\frac{m}{n}A$$

で表わし，A の $\frac{m}{n}$ 倍と定義できる．しかし，一般の加群で，そのような B の一意決定は保証されない．そこで，次の定義を置く．

〈定義4〉 G の任意の元 A, 任意の整数 $m, n\,(n\neq0)$ に

$$nB=mA$$

をみたす B が一意に対応するならば，その B を

$$\frac{m}{n}A$$

で表わす．

→注 $\frac{m}{n}$ は $m\times\frac{1}{n}$ に等しいから，$\frac{m}{n}$ 倍を定義するには，$\frac{1}{n}$

倍を定義すれば十分である．すなわち，0 でない整数 n と元 A に，$nB=A$ をみたす B が一意に対応するとき，その B を $\frac{1}{n}A$ で表わし，$m\left(\frac{1}{n}A\right)$ を $\frac{m}{n}A$ で表わすことにすればよい．内容からみて，この定義と上の定義は大差なく，先へすすめば完全に一致する．

×　　　　　　　　×

このように拡張した有理数倍についても，分配律などの等式が成り立つことを明らかにするのが，次の興味の焦点である．

[10]　p, q が有理数のとき

$$(p+q)A=pA+qA$$

$p=\dfrac{m}{n}, \ q=\dfrac{m'}{n'}(m, n, m', n'$ は整数) とおいて証明する．$pA=C, qA=D$ とおくと右辺は $C+D$ だから，左辺も $C+D$ となることを示せばよい．

$\dfrac{m}{n}A=C, \ \dfrac{m'}{n'}A=D$ から

$$mA=nC, \ m'A=n'D$$

両辺にそれぞれ n', n をかけて

$$mn'A=nn'C, \ m'nA=nn'D$$

両辺をそれぞれ加え，左辺に第 1 分配律 [7]，右辺に第 2 分配律 [9] を用いると

$$(mn'+m'n)A=nn'(C+D)$$

定義 4 によって

$$\frac{mn'+m'n}{nn'}A=C+D$$

$$\therefore \quad (p+q)A = C + D$$

これで完全に証明された.

[11]　p, q が有理数のとき

$$q(pA) = (qp)A$$

前にならい $p = \dfrac{m}{n}$, $q = \dfrac{m'}{n'}$ とおく. さらに $pA = B$ とおけば $\dfrac{m}{n}A = B$ から

$$mA = nB \qquad\qquad ①$$

さらに $qB = C$ とおけば, $\dfrac{m'}{n'}B = C$ から

$$m'B = n'C \qquad\qquad ②$$

①の両辺に m', ②の両辺に n をかけて B を消去すれば

$$m'mA = n'nC$$

よって

$$\frac{m'm}{n'n}A = C$$

$$(qp)A = C$$

ところが $C = qB = q(pA)$ であるから

$$q(pA) = (qp)A$$

[12]　p が有理数のとき

$$p(A+B) = pA + pB$$

証明は[10]と大差ないから省略する.

▨ 実数倍への拡張

これが一番の難関であろう. 無理数は収束する有理数列の

極限として定義されるから，これを用いるのが最も手近である．

無理数 α に収束する有理数列を

$$q_1, \ q_2, \ \cdots, \ q_n, \ \cdots \qquad\qquad ①$$

としたとき，これに対応して，数列

$$q_1 A, \ q_2 A, \ \cdots, \ q_n A, \ \cdots \qquad\qquad ②$$

を考えることができる．したがって，②もまた収束することがいえるならば，その極限値 B を αA と表わすことによって，A の α 倍が定義される．

しかし，このような条件を，一般の加群がみたしてはくれない．なぜかというに，②が収束することをいうには，コーシーの収束条件を使うとすると，m, n が十分大きいとき

$$q_n A - q_m A$$

の絶対値が 0 に近づくことをいわねばならないが，残念なことに，加群には絶対値が定められているとは限らないからである．

$$\times \qquad\qquad \times$$

群 G のすべての元にそれぞれ 1 つの 実数を対応させる．すなわち G から $\boldsymbol{R}$（実数全体）の写像

$$f(A) = \|A\|$$

が定義されており，この f が次の 3 条件をみたすとき，$\|A\|$ を A の**ノルム**または**絶対値**という．

(i) $\|A\| \geqq 0$ で，等号の成り立つのは，$A = O$ のときに限る．

(ii) q が有理数のとき

$$||qA||=|q|\cdot||A||$$

(iii) $\quad ||A+B||\leqq ||A||+||B||$

$$\times \qquad\qquad \times$$

このノルムを用いると，実数倍が定義される．

〈定義5〉　コーシーの収束条件をみたす有理数列

$$q_1,\ q_2,\ \cdots,\ q_n,\ \cdots \qquad\qquad ①$$

は収束し，1つの実数 α を定義する．

このとき G の元 A に対して数列

$$q_1A,\ q_2A,\ \cdots,\ q_nA,\ \cdots \qquad\qquad ②$$

を作ると，これも収束し，G の1つの元 B を定める．この B を

$$\alpha A$$

で表わすことにする．

この定義が有効であるためには，②が収束することを示さねばならない．それにはコーシーの収束条件をみたすことをいえばよい．

①はコーシーの条件をみたすから，与えられた正の数 ε に対して，十分大きい自然数 N をとり

$$m,n>N \ \text{ならば}\ |q_n-q_m|<\varepsilon$$

となるようにできる．

したがって

$$||q_nA-q_nA||=|q_m-q_m|\cdot||A||$$

であるから，任意の ε' に対して，前もって ε を $\dfrac{\varepsilon'}{||A||}$ より小さく選んでおくならば

$m,n>N$ ならば $|q_nA-q_mA|<\varepsilon'$

となって，②はコーシーの条件をみたす．

$$\times \qquad\qquad \times$$

このようにして，倍を実数へ拡張しても，すでに導いた公式は成り立つことが証明できるのである．

$\alpha,\ \beta$ が実数のとき

[10]　$(\alpha+\beta)A=\alpha A+\beta A$

[11]　$\beta(\alpha A)=(\beta\alpha)A$

[12]　$\alpha(A+B)=\alpha A+\alpha B$

これで，倍を自然数から実数へ拡張することが終わった．

▨ 乗法における指数の拡張

乗法群は一般には可換的でないが，特に可換群を選ぶならば，加群と内容は同じで，演算の記号が異なるに過ぎない．したがって以上の式の＋を×にかえ，×を略した式を作るならば，指数の拡張になる．

そのとき

零元 O は単位元 I

反数 $-A$ は逆数 A^{-1} または $\dfrac{1}{A}$

差 $A-B$ は商 $\dfrac{A}{B}$

A の α 倍 αA は A の α 乗 A^{α}

に変えることも同時に行なわなければならない．

証明を繰り返すのは止め，主な公式を書きかえたものを挙げてみる．

<u>自然数乗</u>

〈定義1〉　　$\underbrace{AA\cdots\cdots A}_{n\text{個}}=A^n$

m, n が自然数のとき

[1]　$A^{m+n}=A^m A^n$

[2]　$(A^m)^n=A^{mn}$

[3]　$(AB)^n=A^n B^n$

[4]　$I^n=I$

[1′]　$m>n$ のとき $A^{m-n}=\dfrac{A^n}{A^m}$

[3′]　$\left(\dfrac{A}{B}\right)^n=\dfrac{A^n}{B^n}$

<u>整　数　乗</u>

〈定義2〉　$A^0=I$

〈定義3〉　$A^{-n}=\dfrac{1}{A^n}$

[6]　$\dfrac{1}{A^n}=\left(\dfrac{1}{A}\right)^n$

<u>有理数倍</u>

〈定義4〉　任意の元 A, 任意の整数 $m,n(n\neq 0)$ に

$$B^n=A^m$$

をみたす B が一意に対応するならば，その B を

$$A^{\frac{m}{n}}$$

で表わす．

〈定義5〉　コーシーの収束条件をみたす有理数列 (q_n) は収束し，1つの実数 α を定義する．このとき，数列 (A^{q_n}) も収束し，G の1つの元 B が定まるなら，この B を

$$A^\alpha$$

で表わす．

$\alpha,\ \beta$ が実数のとき

[10] $A^{\alpha+\beta}=A^{\alpha}B^{\beta}$

[11] $(A^{\alpha})^{\beta}=A^{\alpha\beta}$

[12] $(AB)^{\alpha}=A^{\alpha}B^{\alpha}$

この3つの等式は，指数の法則と呼ばれているものにほかならない．

$$\times \qquad\qquad \times$$

高校でやっかいなものとして見過して来た指数の拡張を，ここらで静かに振り返って頂きたいものである．倍数の拡張と指数の拡張の見事な類似性が，われわれに不思議な感動を与え，数学の世界へと引きずって行く．

数学には，このほかにも，数えきれないほど拡張の素材がみちている．高度な数学をまつ必要はない．初等数学で十分である．素材に応じ拡張の原理も多彩である．「真理は平凡なところにある」という平凡な教訓自身が真理なのである．

7. 解くは作るの逆操作

　幼児をみていると「まねるは学ぶのはじめ」の真実であるのに驚く．また人は「きくは学ぶのはじめ」ともいう．「きくは一時(いっとき)の恥，きかざるは末代(まつだい)の恥」ともいう．表現は違っても情況に変りはないようである．

　一方，数学を振り返ってみると，「作るは解くのはじめ」も含蓄ある学び方のように思われる．作ると解くは互いに逆操作ではあるが，操作の困難を考慮すると，同一レベルで論ずることはできない．一方はやさしく，他方は難しいのが普通だからである．

　展開と因数分解は，互いに逆操作であるが，展開はやさしく因数分解は難しい．しかも展開はつねに可能で，因数分解はそうはいかない．中学や高校で

$$展開 \longrightarrow 因数分解$$

の順に学ぶのは，その教育的配慮の一端であろう．

　微分法と積分法は互いに逆の操作であるが，微分するよりは積分するのが一般には難しい．たとえば，どんな有理関数も微分は可能で，その結果は有理関数になるのに，積分はそ

うはならない. $\dfrac{1}{x}$ がその典型的なものであろう. かくも 簡
単な関数なのに, 不定積分が有理関数の範囲から見つからな
い. まして, これが $\log x + c$ になるなどとは, 簡単に予測
できるものではない. $\dfrac{1}{x^2+1}$ についても情況は同じである.

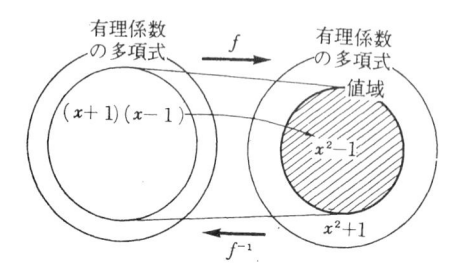

　展開は1つの操作で, いまかりに, 有理係数の多項式から
有理係数の多項式への対応としよう. この対応を f で表わし
てみると, 因数分解は f の逆操作 f^{-1} とみられる. f の値域
はこの多項式の一部分であるから, 逆操作 f^{-1} を値域外の多
項式に適用しようとすれば, 行詰るのは当然の話である.

　微分も操作で, 有理関数の範囲でみると, 有理 関数から有
理関数への対応である. この対応を g とすると, 積分は g の
逆操作 g^{-1} である.

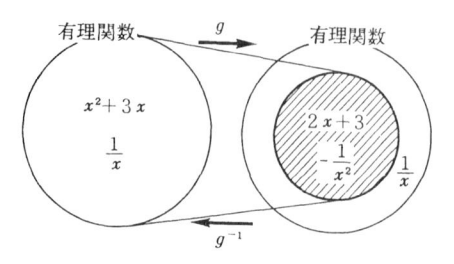

この対応でも, 値域は有理式のほんの一部分であるから, 値

域外の関数 $\dfrac{1}{x}$ に逆操作をあてはめようとすると壁につき当たる．値域内の関数，たとえば x^3 であれば， 逆操作は可能である．

$$\boxed{?} \xrightarrow{\ \ g\ \ } x^3$$

$$\dfrac{x^3}{4} \xleftarrow{\ \ g^{-1}\ \ } x^3$$

　因数分解の壁を打ち破る早道は，展開への復帰であり，積分の壁を乗り越える早道も，微分への回帰である．もちろん，それで一切が解決されるわけではない．その完全解決には，因数分解でみると，数領域の拡張が，積分では関数の拡張が課題になる．

　類似の情況は，関数方程式の作成とその解法にもある．ある関数に対して関数方程式を作るのはやさしいが，逆に，その関数方程式を解くのはむずかしい．差分方程式は，関数方程式の特殊なものに過ぎないから，ここでも， 同じことがいえるのは当然である． それなのに， 指導上， この考慮が欠けているのはどういうわけか．多くの本をみて，痛感するのは，著者一人ではないだろう．高校のテキストも，その例外ではない．

　この意外な事実から衝撃を受けたのが最近であるとは， われながらうかつであった．D誌に「漸化式を作る話」というささやかな記事を載せ，次の反応に接したのである．

　「漸化式を作る話を読んでいたら おもしろいではないか．小生は特性方程式は使えるが，どうしてこの式があるかわからなかった．が，ガッチリ理解できて，いままでのモヤモヤがふっとび，期末テストで満点をとった」

　特性方程式の利用はあっても，特性方程式の由来の解説に

は，とんとお目にかかれない．これ
が偽りのない実態である．知恵の実
をかじった人間は，お仕着せと沈黙
には耐えられないのである．
天下りの教育が破綻するのは当然の
運命といえよう．

　「人はパンのみにて生くるものにあ
らず」は，けだし名言である．「解け
ればよいではないか」は，エコノミ
ックアニマル的次元の満足感である．
「なぜ，そう解いたか」の問が人間を
より高い次元の理念へ導いてゆく．
「そこに 山があるから登る」は実学のみを追う人間には理解
不可能である．上のキリストの遺産に立ち戻るのでないと，
教育は現状の 混迷から 離脱 できないだろう．学歴偏重は，
裏返せば，学問不在，理念喪失なのである．

▨ 基礎になる漸化式

　数ある数列のうち，初歩的で，しかも基本的なのは等差数
列と等比数列で，それに続くのが，これらの単純な合成であ
る．そこで，当然，漸化式を作る出発点は，これらの数列か
らということになろう．

$$\times \qquad\qquad \times$$

　初項 a，公差 d の等差数列の第 n 項は

$$a_n = a + (n-1)d \qquad\qquad ①$$

n を消去するには，n を $n+1$ で置きかえた隣の項

$$a_{n+1} = a + nd$$

が必要である．差をとって

[1]　　$a_{n+1} - a_n = d$　　　（d は定数）

逆に，これを解けば

$$a_n = a_1 + (n-1)d$$

となって，1つの任意定数 a_1 を含む一般解が得られる．したがって，a_1 を定める条件が与えられておれば a_n は定まる.

$$\times \qquad\qquad \times$$

初項 a，公比 r の等比数列の第 n 項は

$$a_n = ar^{n-1}$$

これも隣の項

$$a_{n+1} = ar^n$$

があれば，n が消去できて

[2]　　$a_{n+1} = ra_n$　　　（r は定数）

逆に，これを解けば

$$a_n = a_1 r^{n-1}$$

となって，1つの任意定数 a_1 を含む一般解が得られる．したがって，a_1 を定める条件が与えられておれば a_n は定まる.

$$\times \qquad\qquad \times$$

そこで当然，漸化式の原始的な解き方として，変形によって [1] または [2] を導く方法が考えられる．見かけは [1]，[2] と違っていても，ちょっとしたくふうで，[1] か [2] に書きかえられるなら，解決の手がかりになる.

　1階の漸化式

$$a_{n+1} = Aa_n + B \qquad （A, B \text{ は定数})\qquad\qquad ①$$

を解くのに，特性方程式

$$x = Ax + B$$

を用いるのが，その一例である．これが1つの根をもつとき，それを α とすると

$$\alpha = A\alpha + B \qquad\qquad ②$$

①-②を作ると

$$a_{n+1} - \alpha = A(a_n - \alpha)$$

ここで，$a_n - \alpha = b_n$ とおけば $b_{n+1} = Ab_n$ となって [2] のタイプに帰着する．

　また

$$a_{n+1} = \frac{Aa_n}{a_n + A} \qquad (A \neq 0)$$

の形の漸化式ならば，分母を払って変形すると

$$a_{n+1}a_n + Aa_{n+1} = Aa_n$$

$$\frac{1}{a_{n+1}} - \frac{1}{a_n} = \frac{1}{A}$$

ここで $\dfrac{1}{a_n} = b_n$ とおくと $b_{n+1} - b_n = \dfrac{1}{A}$ となって，[1] のタイプの漸化式にかわる．

▨ 等比数列の1次結合

　数列の合成で基本的なのは1次結合であろう．2つの等差数列は1次結合を行なっても，質的な変化が起きない．

　初項 a，公差 α の等差数列

$$a_n = a + (n-1)\alpha$$

　初項 b，公差 β の等差数列

$$b_n = b + (n-1)\beta$$

　これらの1次結合を作っても

$$pa_n + qb_n = (pa+qb)+(n-1)(p\alpha+q\beta)$$

となって，相変らず等差数列で，異質の数列を作ったことにならない．

　ところが，等比数列の1次結合では質的変化が起きる．

　初項 a，公比 α の等比数列

$$a_n = a\alpha^{n-1}$$

　初項 b，公比 β の等比数列

$$b_n = b\beta^{n-1}$$

これらの1次結合を作ってみると

$$pa_n + qb_n = ap\alpha^{n-1}+bq\beta^{n-1}$$

となるから，$\alpha \neq \beta$ なる限り等比数列とは異なる数列が現われる．

　そこで ap, bq を改めて p, q で表わし，第 n 項が

$$a_n = p\alpha^{n-1}+q\beta^{n-1} \qquad (\alpha \neq \beta) \qquad ①$$

である数列を考え，この漸化式を導くことにしよう．

　n を1だけ増して

$$a_{n+1} = p\alpha^n + q\beta^n \qquad\qquad ②$$

β^n を消去するため，②-①×β を作ると

$$a_{n+1} - \beta a_n = p(\alpha-\beta)\alpha^{n-1} \qquad ③$$

　さらに，α^n を消去するため，n を1だけ増せば

$$a_{n+2} - \beta a_{n+1} = p(\alpha-\beta)\alpha^n \qquad ④$$

④-③×α を作ると

$$a_{n+2} - (\alpha+\beta)a_{n+1}+\alpha\beta a_n = 0 \qquad ⑤$$

　ここで $\alpha+\beta = -A$，$\alpha\beta = B$ とおくならば

[3] $a_{n+2}+Aa_{n+1}+Ba_n=0$ ⑥

となって，2階1次の漸化式が得られる.

×   ×

漸化式を解くことは作ることの逆操作…… [3]を作る過程を逆にたどることによって，[3]は解けるはずだとの予想が立つだろう.

⑥から⑤へ戻るには，和が $-A$，積が B の2数 α,β を求めればよい．その α,β は2次方程式

$$x^2+Ax+B=0   ⑦$$

を解けばよい．これが，もし異なる2根をもてば，それが α,β である．当然，重根を持つ場合の解決はあとへ残る.

⑤から④へもどる道はどうか．④は $a_{n+1}-\beta a_n$ を一般項とし，α を公比とする等比数列であることを表わす．したがって，その漸化式

$$a_{n+2}-\beta a_{n+1}=\alpha(a_{n+1}-\beta a_n)   ⑧$$

となるはず．ところが幸いにして，この式は⑤の変形によってたやすく導かれる．これで，道が完全に開かれた．⑤を⑧の形にかきかえて解けば

$$a_{n+1}-\beta a_n=(a_2-\beta a_1)\alpha^{n-1}   ⑨$$

これは1階の線形漸化式であるから常に解くことができる．両辺を β^{n+1} で割ってみよ.

$$\frac{a_{n+1}}{\beta^{n+1}}-\frac{a_n}{\beta^n}=\frac{a_2-\beta a_1}{\beta^2}\left(\frac{\alpha}{\beta}\right)^{n-1}$$

n を1から $n-1$ まで変化させ，それらの式を加えることによって

$$\frac{a_n}{\beta^n} - \frac{a_1}{\beta} = \frac{a_2 - \beta a_1}{\beta^2}\left\{1 + \frac{\alpha}{\beta} + \cdots + \left(\frac{\alpha}{\beta}\right)^{n-2}\right\}$$

右辺の等比数列の和を求めればよい．場合分けが起きる．

$\alpha \neq \beta$ のとき

$$\frac{a_n}{\beta^n} - \frac{a_1}{\beta} = \frac{a_2 - \beta a_1}{\beta^2} \cdot \frac{(\alpha/\beta)^{n-1} - 1}{(\alpha/\beta) - 1}$$

これを a_n について解いて

$$a_n = \frac{(a_2 - \beta a_1)\alpha^{n-1} - (a_2 - \alpha a_1)\beta^{n-1}}{\alpha - \beta}$$

$\alpha = \beta$ のとき

$$\frac{a_n}{\beta^n} - \frac{a_1}{\beta} = \frac{a_2 - \beta a_1}{\beta^2}(n-1)$$

a_n について解いて

$$a_n = \{(a_2 - \beta a_1)n + (2a_1\beta - a_2)\}\beta^{n-2}$$

α と β が異なる場合から出発して漸化式を作ったのであるが，これを逆に解いてみたら α と β か等しい場合の解まで出た．ここで，以上で知ったことを整理し話題展開の手がかりとしよう．α^{n-1} は $\frac{1}{\alpha}\alpha^n$ とかきかえ，$\frac{1}{\alpha}$ を定数の方へ含めることができる．β^{n-1} についても同様．したがって解は次のようにまとめられる．

$$a_{n+2} + Aa_{n+1} + Ba_n = 0 \qquad (A, B \text{ は定数})$$

の一般解は，方程式

$$x^2 + Ax + B = 0$$

の2根を α, β とすると

$\alpha \neq \beta$ のとき $\quad a_n = p\alpha^n + q\beta^n$

$\alpha = \beta$ のとき $\quad a_n = (pn + q)\alpha^n$

ただし，p, q は定数．

　多くの本に載っている解き方は，この結果を知っていることを前提とするもので，定数 p, q の値を初期条件などによって決定することに主眼がおかれている．

　たとえば ヒボナッチ 数列 でみると，漸化式は $a_{n+2}=a_{n+1}+a_n$ であるから，特性方程式は $x^2-x-1=0,$ この 2 根は

$$\alpha, \beta=\frac{1\pm\sqrt{5}}{2}$$

$\alpha\neq\beta$ であるから，一般解は

$$a_n=p\left(\frac{1+\sqrt{5}}{2}\right)^n+q\left(\frac{1-\sqrt{5}}{2}\right)^n$$

とおき，初期条件 $a_1=a_2=1$ によって，定数 p, q を定め

$$a_n=\frac{1}{\sqrt{5}}\left\{\left(\frac{1+\sqrt{5}}{2}\right)^n-\left(\frac{1-\sqrt{5}}{2}\right)^n\right\}$$

　このような解法は，過去の応用数学の教育の悪しき伝統のように思われる．解の公式は方程式の解法の終着駅で，未知の定数の決定は下車の準備に過ぎない．われわれの関心を呼ぶのは解法模索の過程であってみれば，この過程抜きは，未

知との対決の回避であって，数学の本質を失うに等しい．

　　→注　漸化式⑨は，$\alpha \neq \beta$ の場合には，前よりも簡単な解き方が
ある．特性方程式の2根のどちらを α，他を β としてもよいこと
から，2つの漸化式

$$a_{n+1} - \beta a_n = (a_2 - \beta a_1)\alpha^{n-1}$$
$$a_{n+1} - \alpha a_n = (a_2 - \alpha a_1)\beta^{n-1}$$

が導かれる．そこで，これを連立させ a_{n+1} を消去すれば a_n が
一気に求められる．

▨ 3階漸化式の解法の探究

　2階の漸化式の解法から，3階の場合の解法を類推する道
は意外と平坦で，「作る → 解く」を再現するまでもない．
　3階1次の漸化式のうち

$$a_{n+3} + A a_{n+2} + B a_{n+1} + C a_n = 0 \qquad\qquad ①$$
$$(A, B, C \text{ は定数で } C \neq 0 \text{ とする})$$

を解くものとしよう．
　2階のときにならって，特性方程式

$$x^3 + Ax^2 + Bx + C = 0$$

の3根 α, β, γ を用いる．根と係数との関係から

$$\alpha + \beta + \gamma = -A, \quad \alpha\beta + \alpha\gamma + \beta\gamma = B, \quad \alpha\beta\gamma = -C$$

これを①に代入して

$$a_{n+3} - (\alpha + \beta + \gamma) a_{n+2}$$
$$+ (\alpha\beta + \alpha\gamma + \beta\gamma) a_{n+1} - \alpha\beta\gamma a_n = 0$$

次の急所は，この式の変形である．2階の場合から類推し，
γ を含む項を右辺へ移し，γ をかっこでくくり出す．

$$a_{n+3} - (\alpha + \beta) a_{n+2} + \alpha\beta a_{n+1}$$
$$= \gamma \{ a_{n+2} - (\alpha + \beta) a_{n+1} + \alpha\beta a_n \}$$

これで一切が浮彫りになった。{ } の中の式を b_n とおいてみよ。上の式は $b_{n+1} = b_n\gamma$ となって，数列 (b_n) は公比 γ の等比数列をなすことを物語っている。そこで

$$a_{n+2} - (\alpha + \beta)a_{n+1} + \alpha\beta a_n = P\gamma^{n-1}$$

この2階の漸化式の解法は難しいように見えるが，次の変形によって，局面は急に転回する。

$$(a_{n+2} - \alpha a_{n+1}) - \beta(a_{n+1} - \alpha a_n) = P\gamma^{n-1} \qquad ②$$

$a_{n+1} - \alpha a_n$ を c_n とおいてみると

$$c_{n+1} - \beta c_n = P\gamma^{n-1}$$

となって，数列 (c_n) に関する2階の漸化式に姿をかえ，解法は簡単に手がとどく。前に再三試みたように，両辺を β^{n+1} で割り，反復利用すればよい。しかし，これから先，α, β, γ に等しいものがあるかどうかが問題になるから場合分けが必要である。

　(i)　3根 α, β, γ が異なるとき

②を解いて

$$a_{n+1} - \alpha a_n = Q\beta^n + R\gamma^n \qquad ③$$

これも解法は手がとどく。両辺を α^{n+1} で割ったものを反復利用することによって

$$a_n = p\alpha^n + q\beta^n + r\gamma^n$$

　(ii)　1つの2重根をもつとき

たとえば $\alpha = \beta$，$\beta \neq \gamma$ とすると，③にもどり，これを解けばよい。③の両辺を α^{n+1} で割ると

$$\frac{a_{n+1}}{\alpha^{n+1}} - \frac{a_n}{\alpha^n} = \frac{Q}{\alpha} + \frac{R}{\alpha}\left(\frac{\gamma}{\alpha}\right)^n$$

これを反復利用することによって

$$a_n = (pn+q)\alpha^n + r\gamma^n$$

(ⅲ)　1つの3重根をもつとき

②にもどり，これを解けば

$$a_{n+1} - \alpha a_n = (Qn+R)\alpha^n$$

両辺を α^{n+1} で割ってみると

$$\frac{a_{n+1}}{\alpha^{n+1}} - \frac{a_n}{\alpha^n} = \frac{Q}{\alpha}n + \frac{R}{\alpha}$$

これを反復利用すると，右辺に自然数の和が現われるから

$$\frac{a_n}{\alpha^n} - \frac{a_1}{\alpha} = \frac{Q}{\alpha}\frac{n(n-1)}{2} + \frac{R}{\alpha}(n-1)$$

a_n について解いて

$$a_n = (pn^2 + qn + r)\alpha^n$$

まとめると，次の結論になる．

$$a_{n+3} + Aa_{n+2} + Ba_{n+1} + Ca_n = 0$$

　　$(A, B, C$ は定数で，$C \neq 0)$

の一般解は，特性方程式

$$x^3 + Ax^2 + Bx + C = 0$$

の3根を α, β, γ とすると

　α, β, γ が単根のとき

$$a_n = p\alpha^n + q\beta^n + r\gamma^n$$

　α が単根，β が2重根のとき

$$a_n = p\alpha^n + (qn+r)\beta^n$$

　α が3重根のとき

$$a_n = (pn^2 + qn + r)\alpha^n$$

定数 p, q, r の値は，3つの初期条件，たとえば a_1, a_2, a_3 の

値を与えることによって定まる．

×　　　　　　　×

　ここまで来れば，漸化式が4階のときに，どうなるかの予知は容易であろう．行列やラプラス変換を利用した現代的な解法を，このような初歩的解法の延長線上において，限界克服の手段に位置づけることは，数学指導上軽視すべきでないというのが著者の意見である．

▨ 連立化への道の開拓

　漸化式の解法に第2の展望を与える1つの道は連立化である．

　たとえば，1つの数列 (a_n) に関する2階の漸化式

$$a_{n+1}=pa_n+qa_{n-1} \qquad (n\geqq2) \qquad ①$$

は，$a_n=b_{n+1}$ とおいてみると

$$(*) \quad \begin{cases} a_{n+1}=pa_n+qb_n \\ b_{n+1}=a_n \end{cases}$$

となって，2つの数列

$$a_2, \quad a_3, \quad \cdots\cdots, \quad a_{n+1}$$
$$b_2, \quad b_3, \quad \cdots\cdots, \quad b_{n+1}$$
$$(a_1)\,(a_2) \qquad\quad (a_n)$$

に関する連立漸化式にかわる．これは，より一般的である

$$(**) \quad \begin{cases} a_{n+1}=pa_n+qb_n & ① \\ b_{n+1}=ra_n+sb_n & ② \end{cases}$$

に包含される．そこで，当然 $(*)$ の解法は $(**)$ の解法のなかに包含されることがわかって，展望の視野は一気に拡大されよう．

　$(**)$ は行列によって表現すれば

$$\begin{pmatrix} a_{n+1} \\ b_{n+1} \end{pmatrix} = \begin{pmatrix} p & q \\ r & s \end{pmatrix} \begin{pmatrix} a_n \\ b_n \end{pmatrix}$$

となり，解法はおのずと，行列の固有値の利用へと発展する．そこでも，きめこまかい指導法が考慮されねばならないのだが，今回は保留し，初歩の代数的方法について，1つの配慮を提案するにとどめよう．

×　　　　　×

　(**)の代数的解法を多くの本に当ってみると，2つの数列 (a_n), (b_n) から第3の数列

$$(a_n - \alpha b_n)$$

を作り，これが等比数列をなすように α を選ぶ．すなわち

$$a_{n+1} - \alpha b_{n+1} = \beta (a_n - \alpha b_n) \qquad ③$$

をみたす α, β を見つけるのが，圧倒的に多い．著者もその一人であったが，ある日，突然，ある先生から「$a_n - \alpha b_n$ を使うことを何から気付いたのですか．その上，等比数列になることが…」という質問を受け，自己反省せざるを得ない羽目に陥った．習うものにとっても，教えるものにとっても，天下りはあと味が悪く，精神が安定しないものである．そこで，この対症療法の模索を試みた．

　そのとき最初に頭に浮んだのは，(**)から数列 (b_n) の項を消去して，数列 (a_n) についての漸化式を導いてはという着想であった．

　①の n を1だけ増したもの

$$a_{n+2}=pa_{n+1}+qb_{n+1} \tag{④}$$

を追加すれば目的は達せられる．　①，②から b_n を 消去して
b_{n+1} を求めると

$$qb_{n+1}=sa_{n+1}-(ps-qr)a_n$$

これを④に代入すると

$$a_{n+2}-(p+s)a_{n+1}+(ps-qr)a_n=0$$

となって，定係数の2階1次の漸化式になる．この解法はす
でに明らかにしたように，特性根 α, β を用いることによって，

$$a_{n+2}-\alpha a_{n+1}=\beta(a_{n+1}-\alpha a_n) \tag{⑤}$$

の形に変った．

　「ヤレヤレ これで成功だわい」と思って，よく見たら，③
と一致しない．しかし「怪我の功名」とはよくいったもので，
⑤の左辺に④を，⑤の右辺に①を代入してみたら

$$a_{n+1}+\frac{q}{p-\alpha}b_{n+1}=\beta\left(a_n+\frac{q}{p-\alpha}b_n\right)$$

となって，③の形が現われた．

　要するに(**)の解法は，③を用いても，⑤を用いても成功
することを発見したわけである．

　連立2階漸化式
$$\begin{cases} a_{n+1}=pa_n+qb_n \\ b_{n+1}=ra_n+sb_n \end{cases}$$
　を解くには，次の (i) または (ii) をみたす定数 α, β；
　α', β' を求めればよい．

　(i)　$a_{n+2}-\alpha a_{n+1}=\beta(a_{n+1}-\alpha a_n)$

　(ii)　$a_{n+1}-\alpha' b_{n+1}=\beta'(a_n-\alpha' b_n)$

　応用例を 1 つ挙げてペンを置くことにする.

　2 つの数列 $(a_n), (b_n)$ が

$$\begin{cases} a_{n+1} = 2a_n - 3b_n, & a_1 = 1 \\ b_{n+1} = a_n + 6b_n, & b_1 = 1 \end{cases}$$

をみたすとき, 一般項 a_n, b_n を求めてみよう.

　(ii)の応用はよく知られているから, ここでは(i)を応用してみる.

　(i)に $a_{n+2} = 2a_{n+1} - 3b_{n+1}$ を代入して

$$(2 - \alpha - \beta)a_{n+1} - 3b_{n+1} + \alpha\beta a_n = 0$$

これから a_{n+1}, b_{n+1} を消去して

$$(2 - \alpha - \beta)(2a_n - 3b_n) - 3(a_n + 6b_n) + \alpha\beta a_n = 0$$

これが, 任意の a_n, b_n について成り立つことから

$$\alpha + \beta = 8, \qquad \alpha\beta = 15$$

これを解いて

$$\alpha = 3, \ \beta = 5 \quad \text{or} \quad \alpha = 5, \ \beta = 3$$

これらを (i) に代入して

$$\begin{cases} a_{n+2} - 3a_{n+1} = 5(a_{n+1} - 3a_n) \\ a_{n+2} - 5a_{n+1} = 3(a_{n+1} - 5a_n) \end{cases}$$

したがって

$$a_{n+1} - 3a_n = 5^{n-1}(a_2 - 3a_1)$$

$$a_{n+1} - 5a_n = 3^{n-1}(a_2 - 5a_1)$$

初期条件から $a_1 = 1, \ a_2 = 2a_1 - 3b_1 = -1$

$$\begin{cases} a_{n+1} - 3a_n = -4 \cdot 5^{n-1} \\ a_{n+1} - 5a_n = -6 \cdot 3^{n-1} \end{cases}$$

これから a_{n+1} を消去して

$$a_n = 3 \cdot 3^{n-1} - 2 \cdot 5^{n-1}$$

b_n を求めるには, これを $a_{n+1} = 2a_n - 3b_n$ に代入するだけで

$$3b_n = 2(3 \cdot 5^{n-1} - 2 \cdot 5^{n-1}) - (3 \cdot 3^n - 2 \cdot 5^n)$$

$$\therefore \quad b_n = -3^{n-1} + 2 \cdot 5^{n-1}$$

(ii)の応用ほどには手際よい解法にはならない.

(ii)の場合は，与えられた漸化式を(ii)に代入すると

$$2a_n - 3b_n - \alpha'(a_n + 6b_n) = \beta'(a_n - \alpha' b_n)$$

両辺の a_n の係数と b_n の係数をくらべて

$$2 - \alpha' = \beta', \quad -3 - 6\alpha' = -\alpha'\beta'$$

これを解くと

$$\alpha' = -1, \, \beta' = 3 \quad \text{or} \quad \alpha' = -3, \, \beta' = 5$$

となるから

$$a_{n+1} + b_{n+1} = 3(a_n + b_n)$$

$$a_{n+1} + 3b_{n+1} = 5(a_n + 3b_n)$$

したがって

$$a_n + b_n = 3^{n-1}(a_1 + b_1) = 2 \cdot 3^{n-1}$$

$$a_n + 3b_n = 5^{n-1}(a_1 + 3b_1) = 4 \cdot 5^{n-1}$$

これを a_n, b_n について解けば，前の答と一致する.

$$\times \qquad\qquad \times$$

上の解法では，(i)よりも(ii)に分があるが，これは，特性根 3, 5 が異なるためである．特性根が重根ならば事情は逆転し，(i)に軍配が上がる．(ii)は 2 つの方程式がないと成功しないが，(i)は 2 つの方程式がなくとも，解く道があることは，前に，しばしば試みた通りである.

たとえば

$$\begin{cases} a_{n+1} = 2a_n - b_n, & a_1 = 1 \\ b_{n+1} = a_n + 4b_n, & b_1 = 1 \end{cases}$$

に (ii) をあてはめてみると

$$2a_n - b_n - \alpha'(a_n + 4b_n) = \beta'(a_n - \alpha' b_n)$$

$$2-\alpha'=\beta', \quad -1-4\alpha'=-\alpha'\beta'$$

これを解くと，重根 $\alpha'=-1$, $\beta'=3$ が現われるから，(ii)の漸化式は

$$a_{n+1}+b_{n+1}=3(a_n+b_n)$$

だけだから，このままでは動きがとれない．

この場合でも，(i)ならば

$$a_{n+2}-3a_{n+1}=3(a_{n+1}-3a_n)$$

だけで解けてしまう．

$$a_{n+1}-3a_n=3^{n-1}(a_2-3a_1)=-2\cdot3^{n-1}$$

両辺を 3^{n+1} で割って

$$\frac{a_{n+1}}{3^{n+1}}-\frac{a_n}{3^n}=-\frac{2}{9}$$

これを解いて

$$\frac{a_n}{3^n}=\frac{1}{3}-\frac{2}{9}(n-1)$$

$$a_n=(-2n+5)\cdot3^{n-2}$$

これを $a_{n+1}=2a_n-b_n$ に代入して

$$b_n=(2n+1)\cdot3^{n-2}$$

$$\times \qquad\qquad \times$$

このように，1次の連立漸化式の解き方は，(i)でみると (α, β)，(ii)でみると (α', β') が異なる2組が求まるか，重根が求まるかによって，解法の過程と同時に答も異なる．

(i)の根 (α, β) は，漸化式を行列によって

$$\begin{pmatrix} a_{n+1} \\ b_{n+1} \end{pmatrix}=\begin{pmatrix} a & b \\ c & d \end{pmatrix}\begin{pmatrix} a_n \\ b_n \end{pmatrix}$$

と表わしてみると，行列

$$\begin{pmatrix} a & b \\ c & d \end{pmatrix}$$

の固有方程式

$$\begin{vmatrix} a-x & b \\ c & d-x \end{vmatrix}$$

の根である．したがって，固有方程式が異なる2根をもつか，それとも重根をもつかは，重要な差を生みだすことがわかるわけである．これについては，次の機会に取り挙げることにしよう．

8. 作ると解くの共存路線

　作ると解くの相互関係を2回も取り挙げる* 気になったのには, 高校 までの 数学教育で, 一般に, ある操作とその逆操作の関係が無視されているのに気付いたからである. 小学校以来の数学の中に, 素材がないというならともかく山ほどあるのに, 意識化をこばんでいるというところに問題がある

　意識化拒否の 背景に, 操作は 数学の 対象でない, 操作のように目に見えないものは難しいといった認識があるように思われる.

　数学において, 存在の意識化を強化する有力な手段は, 記号の付与である. 写像は操作ともみられるが, それを1つの文字 f で表わすことによって, 1つのものとして把握され, 操作が実体化されることを否定する人は少ないだろう. 新しい指導要領が, 関数記号の 指導時期を 早めた 背景には, このような認識が現場に 普及・定着 しつつあるという実態があったと思われる.

　ところが, 筆者は, 意外な事実を身をもって経験した. というのは, 高校の数学の教科書の検定で, 写像 f の逆対応

* 「現代数学」1973年8月号.

を表わすのに f^{-1} を用いたら，削れとの絶対条件をつけられたのである．教科書の検定の修正項目には，相対条件と絶対条件とがある．絶対条件は「指示通りに直せ，直さなければ落とすぞ」という強いものである．相対条件は，それよりはおだやかで「修正した方がよさそうだ．御検討のほどを…」というものだが「できることなら修正してほしい，いやそのほうが得なんじゃないか」と受けとられるのは弱きもののひがみであろうか．

　文部省の意向は，正確にいうと，写像 f の逆対応が写像ならば f^{-1} を用いてもよいが，写像かどうかわからないのに f^{-1} を用いるのは高校生には無理だという教育的配慮らしい．これは一般化すると，写像の文字表現はやさしいが，対応一般の文字表現はむずかしいということになろう．

　もし，そうだとしたら，不定積分の記号は難解で使えないはずである．たとえば x^2 の原始関数は

$$\frac{x^3}{3}+1, \quad \frac{x^3}{3}-2, \quad \frac{x^3}{3}+\frac{5}{7}, \quad \cdots$$

と無限にあり，対応の典型で，写像にはならない．それなのに

$$\int x^2 dx = \frac{x^3}{3}+c$$

とかくことを問題にしないのはおかしい．この式で $\int \square\, dx$ は，対応を表わしているではないか．

　新指導要領が対応を重視するといいながら，その意識化と実体化の促進に不可欠な文字表現を回避するのはおかしいではないか．著者は，文

部省の教育的配慮なるものを信用しない1人である. それは過去の実績によって, いやおうなしに強化されて来たものである.

不等号>をみるがよい. 小学生には無理だといって長い間拒否して来たのに, 現在はどうなっているか. 小学校の中学年で指導を義務づけているではないか.

関数記号はどうか. 中学生にも指導すべきだとの何年も前からの声をきこうとしなかった. それがいまはどうか. 中学の1年にあるではないか.

まだある. 集合の交わりと結びの記号 ∩, ∪ をみるがよい. この使用は数学Ⅱなら認めるが, 数Ⅰでは認めない, がいままでの指導要領であった. 数学Ⅰに集合がないなら, それも納得できよう. ところが, 数学Ⅰに集合と論理があって, 包含の記号⊂の指導を義務づけていたのに, ∩と∪はいけないというのである. ∩と∪は論理でみれば,「かつ」と「または」が対応し, ⊂以上に基本的論理語の記号化であることは常識であるというのに. さて, それが, いまはどうなっているか. 新指導要領をみるがよい. 中学の1年にあるのだ. これが, 高校2年ならよいが1年ではいけないとの教育的配慮の終末である.

この官制の独善的教育配慮が, 新指導要領で消え去ったわけではない.「かつ」,「または」を表わす記号 ∧, ∨ を依然回避しているのが, その典型である. 論理と集合の対照を強調していながら, ∩と∪はよいが, ∧と∨はよくないとは一体どういう心情であろう. ある大学の先生が, ∧と∨を用い検定に提出したら, その削除が絶対条件になったので, 腹を立て, 筆者から下りたという話を聞いた. 真偽のほどは確かで

ないが，あり得ることだと思う．

　われわれ国民が，自分の子を教育しようというのに，こんな不合理を強制されるいわれが，どうしてあるのか．

×　　　　　　　　　×

　前回は，3階の漸化式，および2元2階の連立漸化式を，「作る」の逆操作として，初歩的代数を駆使して「解く」ことを試みた．今回は，やや程度を高め，行列，行列式 の利用へ話をすすめてみる．

　行列とはいっても，高校の行列指導を前提とするので，用いる知識は限定される．2次の行列の四則が主である．行列式も2次で十分である．2次の行列式は，行列式というほどのものではない．せいぜい

$$\begin{vmatrix} a & b \\ c & d \end{vmatrix} = ad - bc$$

がわかっておれば，こと足りる．

▨ 連立漸化式を作る

　一般項が次の式で与えられる2つの数列 $(a_n), (b_n)$ を考える．

$$\begin{cases} a_n = p\alpha^n + q\beta^n \\ b_n = r\alpha^n + s\beta^n \end{cases} \qquad \alpha\beta(\alpha - \beta) \neq 0$$

　ただし，$p : r = q : s$ すなわち $ps - qr = 0$ であると，2つの数列は 関係 $a_n = kb_n$ をみたすから，

$$ps - qr \neq 0$$

と仮定しておく.

　上の漸化式は，行列で表わせば

$$\begin{pmatrix} a_n \\ b_n \end{pmatrix} = \begin{pmatrix} p & q \\ r & s \end{pmatrix} \begin{pmatrix} \alpha^n \\ \beta^n \end{pmatrix} \qquad\qquad ①$$

　これから漸化式を導く順序として，まず，n を 1 だけ増す.

$$\begin{pmatrix} a_{n+1} \\ b_{n+1} \end{pmatrix} = \begin{pmatrix} p & q \\ r & s \end{pmatrix} \begin{pmatrix} \alpha^{n+1} \\ \beta^{n+1} \end{pmatrix} \qquad\qquad ②$$

①と②から α^n, β^n を消去したい. それには②の右辺を

$$\begin{pmatrix} a_{n+1} \\ b_{n+1} \end{pmatrix} = \begin{pmatrix} p & q \\ r & s \end{pmatrix} \begin{pmatrix} \alpha & 0 \\ 0 & \beta \end{pmatrix} \begin{pmatrix} \alpha^n \\ \beta^n \end{pmatrix} \qquad\qquad ③$$

とかきかえ，これに，①を

$$\begin{pmatrix} \alpha^n \\ \beta^n \end{pmatrix}$$

について解いたものを代入すればよい. 仮定によって　$ps - qr \neq 0$ だから，p, q, r, s を成分とする行列には逆行列がある. それを①の両辺に，左側からかける.

$$\begin{pmatrix} p & q \\ r & s \end{pmatrix}^{-1} \begin{pmatrix} a_n \\ b_n \end{pmatrix} = \begin{pmatrix} \alpha^n \\ \beta^n \end{pmatrix}$$

これを③に代入して

$$\begin{pmatrix} a_{n+1} \\ b_{n+1} \end{pmatrix} = \begin{pmatrix} p & q \\ r & s \end{pmatrix} \begin{pmatrix} \alpha & 0 \\ 0 & \beta \end{pmatrix} \begin{pmatrix} p & q \\ r & s \end{pmatrix}^{-1} \begin{pmatrix} a_n \\ b_n \end{pmatrix} \qquad\qquad ④$$

これが求める漸化式である. 右辺の 3 つの 2 次行列の積もまた 2 次行列であるから，それを

$$\begin{pmatrix} a & b \\ c & d \end{pmatrix}$$

で表わせば，④は

$$\begin{pmatrix} a_{n+1} \\ b_{n+1} \end{pmatrix} = \begin{pmatrix} a & b \\ c & d \end{pmatrix}\begin{pmatrix} a_n \\ b_n \end{pmatrix} \qquad ⑤$$

と簡単になる．これは分解すれば

$$\begin{cases} a_{n+1} = aa_n + bb_n \\ b_{n+1} = ca_n + db_n \end{cases}$$

$\times$ $\times$

⑤を解くには，以上の「作る」操作のプロセスを逆に たどれば よいだろうと 予知される．しかし， その前に⑤における 2 次行列の性質を明らかにしておかねばならない．なぜかというに，この行列は，④の 3 つの行列の積であって， 任意の行列を表わすという保証がないからである．取扱いを簡単にするため

$$\begin{pmatrix} p & q \\ r & s \end{pmatrix} = P, \quad \begin{pmatrix} \alpha & 0 \\ 0 & \beta \end{pmatrix} = B, \quad \begin{pmatrix} a & b \\ c & d \end{pmatrix} = A$$

とおくと，

$$A = PBP^{-1}$$

両辺から xE を引いてみる．ここで E は 2 次の単位行列であるから xE は $xPEP^{-1}$，すなわち $P(xE)P^{-1}$ に等しい．したがって，

$$A - xE = P(B - xE)P^{-1}$$

ここで，両辺の行列式をとると

$$|A - xE| = |P| \cdot |B - xE| \cdot |P^{-1}|$$

$|P| \cdot |P^{-1}| = |PP^{-1}| = |E| = 1$ であるから

$$|A - xE| = |B - xE|$$

ここで，置きもどすと

$$\left|\begin{pmatrix} a & b \\ c & d \end{pmatrix} - x\begin{pmatrix} 1 & 0 \\ 0 & 1 \end{pmatrix}\right| = \left|\begin{pmatrix} \alpha & 0 \\ 0 & \beta \end{pmatrix} - x\begin{pmatrix} 1 & 0 \\ 0 & 1 \end{pmatrix}\right|$$

すなわち

$$\begin{vmatrix} a-x & b \\ c & d-x \end{vmatrix} = \begin{vmatrix} \alpha-x & 0 \\ 0 & \beta-x \end{vmatrix}$$

$$\begin{vmatrix} a-x & b \\ c & d-x \end{vmatrix} = (x-\alpha)(x-\beta) \qquad ⑥$$

これで，固有方程式

$$\begin{vmatrix} a-x & b \\ c & d-x \end{vmatrix} = 0$$

の2根は α, β であることがわかった．しかも仮定により α ≒β であったから，この方程式は異なる2根をもつ．

なお，⑥で $x=0$ とおいて $|A|=\alpha\beta$≒0

以上によって行列 A は，固有方程式が相異なる2根をもち，かつ行列式 $|A|$ は 0 でないという条件をみたすことがわかった．

▨ 逆操作によって解く

われわれの目標は，以上の「作る」プロセスを逆にたどることによって，「解く」プロセスを発見することであった．

連立方程式

$$\begin{pmatrix} a_{n+1} \\ b_{n+1} \end{pmatrix} = \begin{pmatrix} a & b \\ c & d \end{pmatrix}\begin{pmatrix} a_n \\ b_n \end{pmatrix}$$

を，簡単に

$$X_{n+1} = AX_n \qquad ①$$

と表わそう．A がもしも PBP^{-1} の形にかきかえられるとすると

$$X_{n+1} = PBP^{-1}X_n$$

これを反復利用することによって

$$X_n = (PBP^{-1})^{n-1}X_1$$

ところが,

$$(PBP^{-1})^2 = PBP^{-1} \cdot PBP^{-1} = PB^2P^{-1}$$
$$(PBP^{-1})^3 = PB^2P^{-1} \cdot PBP^{-1} = PB^3P^{-1}$$

などからわかるように, 一般に

$$(PBP^{-1})^n = PB^nP^{-1}$$

そこで

$$X_n = PB^{n-1}P^{-1}X_1$$

　各行列を成分にもどせば

$$\begin{pmatrix} a_n \\ b_n \end{pmatrix} = \begin{pmatrix} p & q \\ r & s \end{pmatrix} \begin{pmatrix} \alpha & 0 \\ 0 & \beta \end{pmatrix}^{n-1} \begin{pmatrix} p & q \\ r & s \end{pmatrix}^{-1} \begin{pmatrix} a_1 \\ b_1 \end{pmatrix}$$

これは, さらに

$$\begin{pmatrix} a_n \\ b_n \end{pmatrix} = \begin{pmatrix} p & q \\ r & s \end{pmatrix} \begin{pmatrix} \alpha^{n-1} & 0 \\ 0 & \beta^{n-1} \end{pmatrix} \begin{pmatrix} p & q \\ r & s \end{pmatrix}^{-1} \begin{pmatrix} a_1 \\ b_1 \end{pmatrix} \qquad ②$$

右辺を計算し, 成分に分けることによって, a_n, b_n が求められる.

×　　　　　　×

　抽象論ではわかりにくいから, 簡単な具体例を挙げるのが親切であろう.

$$\begin{pmatrix} a_{n+1} \\ b_{n+1} \end{pmatrix} = \begin{pmatrix} 4 & -3 \\ 1 & 8 \end{pmatrix} \begin{pmatrix} a_n \\ b_n \end{pmatrix}, \quad \begin{pmatrix} a_1 \\ b_1 \end{pmatrix} = \begin{pmatrix} 2 \\ 2 \end{pmatrix}$$

$$X_{n+1} = AX_n$$

行列 A を調べてみると $|A| = 35 \neq 0$, さらに固有方程式

$$\begin{vmatrix} 4-x & -3 \\ 1 & 8-x \end{vmatrix} = 0$$

を解いてみると $x=5,7$ となって，異なる2実根をもつ．そこで $\alpha=5,\ \beta=7$ とおいて

$$\begin{pmatrix} 4 & -3 \\ 1 & 8 \end{pmatrix} = \begin{pmatrix} p & q \\ r & s \end{pmatrix}\begin{pmatrix} 5 & 0 \\ 0 & 7 \end{pmatrix}\begin{pmatrix} p & q \\ r & s \end{pmatrix}^{-1}$$

をみたす，p, q, r, s を1組求めればよい．上の式は，このまま使うよりは

$$\begin{pmatrix} 4 & -3 \\ 1 & 8 \end{pmatrix}\begin{pmatrix} p & q \\ r & s \end{pmatrix} = \begin{pmatrix} p & q \\ r & s \end{pmatrix}\begin{pmatrix} 5 & 0 \\ 0 & 7 \end{pmatrix}$$

を使う方がやさしい．

$$\begin{cases} 4p-3r=5p \\ p+8r=5r \end{cases} \qquad \begin{cases} 4q-3s=7q \\ q+8s=7s \end{cases}$$

簡単にして

$$p+3r=0, \qquad q+s=0$$

この解のうち，なるべく簡単なものを1組選んで

$$p=3, \quad r=-1, \quad q=-1, \quad s=1$$

したがって

$$\begin{pmatrix} p & q \\ r & s \end{pmatrix} = \begin{pmatrix} 3 & -1 \\ -1 & 1 \end{pmatrix}$$

$$\begin{pmatrix} p & q \\ r & s \end{pmatrix}^{-1} = \frac{1}{ps-qr}\begin{pmatrix} s & -q \\ -r & p \end{pmatrix} = \frac{1}{2}\begin{pmatrix} 1 & 1 \\ 1 & 3 \end{pmatrix}$$

これらを②に代入して

$$\begin{pmatrix} a_n \\ b_n \end{pmatrix} = \begin{pmatrix} 3 & -1 \\ -1 & 1 \end{pmatrix}\begin{pmatrix} 5^{n-1} & 0 \\ 0 & 7^{n-1} \end{pmatrix}\begin{pmatrix} 1 & 1 \\ 1 & 3 \end{pmatrix}\begin{pmatrix} 1 \\ 1 \end{pmatrix}$$

右辺を計算すると

$$\begin{pmatrix} a_n \\ b_n \end{pmatrix} = \begin{pmatrix} 6 \cdot 5^{n-1} - 4 \cdot 7^{n-1} \\ -2 \cdot 5^{n-1} + 4 \cdot 7^{n-1} \end{pmatrix}$$

成分に分解して

$$a_n = 6 \cdot 5^{n-1} - 4 \cdot 7^{n-1}$$
$$b_n = -2 \cdot 5^{n-1} + 4 \cdot 7^{n-1}$$

▨ 再び連立漸化式を作る

今度は，等差数列と等比数列を合成した 2 つの数列

$$\begin{cases} a_n = (pn+q)\alpha^n \\ b_n = (rn+s)\alpha^n \end{cases} \qquad (\alpha \neq 0)$$

から，右辺の n と α^n を消去して，連立漸化式を導いてみる．
ただし，前と同様に，仮定

$$ps - qr \neq 0$$

をおく．

上の 2 式は，行列で表わせば

$$\begin{pmatrix} a_n \\ b_n \end{pmatrix} = \begin{pmatrix} p & q \\ r & s \end{pmatrix} \begin{pmatrix} n \\ 1 \end{pmatrix} \alpha^n$$

n を 1 だけ増して

$$\begin{pmatrix} a_{n+1} \\ b_{n+1} \end{pmatrix} = \begin{pmatrix} p & q \\ r & s \end{pmatrix} \begin{pmatrix} n+1 \\ 1 \end{pmatrix} \alpha^{n+1}$$

これらの 2 式から n, α^n を消去すればよい．第 2 式は次のように 書きかえられる ことに 目をつける．

$$\begin{pmatrix} a_{n+1} \\ b_{n+1} \end{pmatrix} = \begin{pmatrix} p & q \\ r & s \end{pmatrix} \begin{pmatrix} \alpha & \alpha \\ 0 & \alpha \end{pmatrix} \begin{pmatrix} n \\ 1 \end{pmatrix} \alpha^n$$

このように書きかえれば，前と同様にして，n, α^n が消去されて

$$\begin{pmatrix} a_{n+1} \\ b_{n+1} \end{pmatrix} = \begin{pmatrix} p & q \\ r & s \end{pmatrix} \begin{pmatrix} \alpha & \alpha \\ 0 & \alpha \end{pmatrix} \begin{pmatrix} p & q \\ r & s \end{pmatrix}^{-1} \begin{pmatrix} a_n \\ b_n \end{pmatrix}$$

これが，求める漸化式である．

ここで

$$\begin{pmatrix} a & b \\ c & d \end{pmatrix} = \begin{pmatrix} p & q \\ r & s \end{pmatrix} \begin{pmatrix} \alpha & \alpha \\ 0 & \alpha \end{pmatrix} \begin{pmatrix} p & q \\ r & s \end{pmatrix}^{-1}$$

とおく．これは

$$A = PCP^{-1}$$

の形をしているから，前と同様に，両辺から xE を引き，両辺の行列を求めることによって

$$|A - xE| = |C - xE|$$

$$\begin{vmatrix} a-x & b \\ c & d-x \end{vmatrix} = (x-\alpha)^2$$

これによって，A の固有方程式は，α を重根にもつことがわかる．また $x=0$ とおくと $|A| = \alpha^2$ となるから $|A|$ は 0 でないこともわかる．

つまり，行列 A は，固有方程式が重根をもち，かつ行列式 $|A|$ が 0 に等しくないという条件をみたしている．

▨ 再び逆操作によって解く

行列 A が上の2条件をみたすときは，漸化式

$$X_{n+1} = AX_n$$

は，前と同様に作るプロセスを逆にたどることによって，

$$\begin{pmatrix} a_n \\ b_n \end{pmatrix} = \begin{pmatrix} p & q \\ r & s \end{pmatrix} \begin{pmatrix} \alpha & \alpha \\ 0 & \alpha \end{pmatrix}^{n-1} \begin{pmatrix} p & q \\ r & s \end{pmatrix}^{-1} \begin{pmatrix} a_1 \\ b_1 \end{pmatrix} \qquad ①$$

ところが

$$\begin{pmatrix} \alpha & \alpha \\ 0 & \alpha \end{pmatrix}^{n-1} = \begin{pmatrix} 1 & 1 \\ 0 & 1 \end{pmatrix}^{n-1} \alpha^{n-1}$$

$$\begin{pmatrix} 1 & 1 \\ 0 & 1 \end{pmatrix}^{2} = \begin{pmatrix} 1 & 1 \\ 0 & 1 \end{pmatrix}\begin{pmatrix} 1 & 1 \\ 0 & 1 \end{pmatrix} = \begin{pmatrix} 1 & 2 \\ 0 & 1 \end{pmatrix}$$

$$\begin{pmatrix} 1 & 1 \\ 0 & 1 \end{pmatrix}^{3} = \begin{pmatrix} 1 & 2 \\ 0 & 1 \end{pmatrix}\begin{pmatrix} 1 & 1 \\ 0 & 1 \end{pmatrix} = \begin{pmatrix} 1 & 3 \\ 0 & 1 \end{pmatrix}$$

これを反復することによって

$$\begin{pmatrix} 1 & 1 \\ 0 & 1 \end{pmatrix}^{n-1} = \begin{pmatrix} 1 & n-1 \\ 0 & 1 \end{pmatrix}$$

したがって①は

$$\begin{pmatrix} a_n \\ b_n \end{pmatrix} = \begin{pmatrix} p & q \\ r & s \end{pmatrix}\begin{pmatrix} 1 & n-1 \\ 0 & 1 \end{pmatrix}\begin{pmatrix} p & q \\ r & s \end{pmatrix}^{-1}\begin{pmatrix} a_1 \\ b_1 \end{pmatrix}\alpha^{n-1} \qquad ②$$

と書きかえられる．右辺を計算すれば a_n, b_n が求められる．

×　　　　　　×

簡単な応用例として

$$\begin{pmatrix} a_{n+1} \\ b_{n+1} \end{pmatrix} = \begin{pmatrix} 7 & -2 \\ 2 & 3 \end{pmatrix}\begin{pmatrix} a_n \\ b_n \end{pmatrix}, \qquad \begin{pmatrix} a_1 \\ b_1 \end{pmatrix} = \begin{pmatrix} -10 \\ 10 \end{pmatrix}$$

を解いてみよう．これを $X_{n+1} = AX_n$ とおくと，　行列 A において $|A| = 25 \neq 0$，さらに固有方程式

$$\begin{vmatrix} 7-x & -2 \\ 2 & 3-x \end{vmatrix} = 0$$

を解いてみると $x=5$ を重根にもつ．したがって，Aは，次の形に書きかえられるだろう．

$$\begin{pmatrix} 7 & -2 \\ 2 & 3 \end{pmatrix} = \begin{pmatrix} p & q \\ r & s \end{pmatrix}\begin{pmatrix} 5 & 5 \\ 0 & 5 \end{pmatrix}\begin{pmatrix} p & q \\ r & s \end{pmatrix}^{-1}$$

これをみたす p, q, r, s の値を1組求める．書きかえて

$$\begin{pmatrix} 7 & -2 \\ 2 & 3 \end{pmatrix}\begin{pmatrix} p & q \\ r & s \end{pmatrix}=\begin{pmatrix} p & q \\ r & s \end{pmatrix}\begin{pmatrix} 5 & 5 \\ 0 & 5 \end{pmatrix}$$

両辺の積を求め，成分の等式に分解して

$$\begin{cases} 7p-2r=5p \\ 2p+3r=5r \end{cases} \qquad \begin{cases} 7q-2s=5p+5q \\ 2q+3s=5r+5s \end{cases}$$

簡単にすると

$$\begin{cases} p-r=0, \\ 2q-2s=5p \end{cases}$$

この解のうち簡単な1組を選ぶと

$$p=2, \quad r=2, \quad q=5, \quad s=0$$

$$\begin{pmatrix} p & q \\ r & s \end{pmatrix}=\begin{pmatrix} 2 & 5 \\ 2 & 0 \end{pmatrix}$$

$$\begin{pmatrix} p & q \\ r & s \end{pmatrix}^{-1}=-\frac{1}{10}\begin{pmatrix} 0 & -5 \\ -2 & 2 \end{pmatrix}$$

これらを②に代入して

$$\begin{pmatrix} a_n \\ b_n \end{pmatrix}=\begin{pmatrix} 2 & 5 \\ 2 & 0 \end{pmatrix}\begin{pmatrix} 1 & n-1 \\ 0 & 1 \end{pmatrix}\begin{pmatrix} 0 & -5 \\ -2 & 2 \end{pmatrix}\begin{pmatrix} 1 \\ -1 \end{pmatrix}\cdot 5^{n-1}$$

右辺を計算して

$$\begin{pmatrix} a_n \\ b_n \end{pmatrix}=\begin{pmatrix} -8n-2 \\ -8n+18 \end{pmatrix}5^{n-1}$$

成分に分解して

$$a_n=(-8n-2)5^{n-1}$$
$$b_n=(-8n+18)5^{n-1}$$

▨ まとめれば

まとめると，2元の連立漸化式

$$\begin{pmatrix} a_{n+1} \\ b_{n+1} \end{pmatrix}=\begin{pmatrix} a & b \\ c & d \end{pmatrix}\begin{pmatrix} a_n \\ b_n \end{pmatrix}, \qquad ad-bc\neq 0$$

すなわち $X_{n+1} = AX_n$ $(|A| \neq 0)$ を解くには，A の固有方程式の2根 α, β を求める．

$\alpha \neq \beta$ のときは

$$A = P \begin{pmatrix} \alpha & 0 \\ 0 & \beta \end{pmatrix} P^{-1}$$

をみたす2次の正方行列 P があるから，それを求めると，解は

$$X_n = P \begin{pmatrix} \alpha^{n-1} & 0 \\ 0 & \beta^{n-1} \end{pmatrix} P^{-1} X_1$$

となる．

$\alpha = \beta$ のときは

$$A = P \begin{pmatrix} \alpha & \alpha \\ 0 & \alpha \end{pmatrix} P^{-1}$$

をみたす2次の行列の正方行列 P があるから，それを求めると，解は

$$X_n = P \begin{pmatrix} 1 & n-1 \\ 0 & 1 \end{pmatrix} P^{-1} X_1 \alpha^{n-1}$$

となる．

×   ×

　以上は，高校の貧弱な行列の予備知識のもとで，連立漸化式の解法を，作る過程から予知する1つの試案に過ぎない．もっと検討すれば，すぐれた学び方を発見するかも知れない．線型写像の幾何学的性格の究明を先行させるのが，その1つの着眼であろう．

9. 冒険からの収穫

　数学を「氷の殿堂」と評した数学者がおるように，数学は論理によって，石垣のように隙間なく構築されるとみるのが常識であろう．しかし，これはあくまで完成品としての数学の姿であって，創造過程には別の姿がみられる．

　「証明は論理の使命，創造は直観の使命」を字義どおりに受けとめるのは無理とても，一面の真理を要約していよう．論理の連鎖のみで創造はできないが，論理不在の創造もあり得ないだろう．創造には論理や素材の飛躍がともなう．その飛躍を支える原動力が直観と称するものである．しかし，いかなる飛躍も，論理や素材の完全な断絶ではなく，なんらかの関連を保った上での飛躍のように思われる．どこかで切れ，どこかでつながりながらとぶのである．

　飛躍するとき人は冒険を本能的に感じ，不安におそわれる．それだけに成果をみたときの喜びは大きい．一見，数学は冒険とは無縁のようにみえるが，事実は小説よりも奇なりのたとえもあるように，数学の創造は常に冒険に支えられて来た．数学の歴史はそれを物語っている．

　数学の指導を論理偏重ですすめるならば，既成の知識の伝

授に終り，学生の自律的精神は萎縮しよう．数学の指導にも冒険を意識的に導入したいものである．そんなはかない希望を抱きながら，$(1+x)^n$ の展開式の予想と発見に取り組んでみたい．

$$\times \qquad\qquad \times$$

　思い出話で恐縮であるが，私は少年の頃，田舎の倉に入り，古風な家具を眺めたり，道具を使ってみるのが楽しみであった．ある日，本箱の中をあさっていたら，数学の本が2冊見つかった．それは父が，養蚕学校で習ったものらしかった．父の時代に，中等学校で学ぶなどということは田舎では珍しいはずだと思うと，父にも，そんな時代があったのかと，不思議な気がすると同時に，父がなんとなく偉そうに見えてくるのであった．

　私はその本をむさぼるように読んでみた．代数を習いはじめたばかりの力で，分るはずはないのだが，数列の和の公式が私を驚かし引きつけた．それは，今思い出してみると，等差数列の和の公式

$$S=\frac{(a+l)n}{2}, \qquad S=\frac{\{2a+(n-1)d\}n}{2}$$

なのだが，何んとも驚きであった．並べてある数は次々と値が変わってゆくのに，その和が1つの式で表わされるということが，どうにも信じられなかったのである．同じ数ならば，いくつ並んでいてもその和は掛け算で求まるが，違う数の和が1つの式で一気に計算されるなど想像したこともなかった．私はいろいろの実例に当ってみて，なるほど，間違いないわいと安心したのを，昨日のように思い出す．

$$\times \qquad\qquad \times$$

数列についてはもう1つの思い出がある. それはいつ頃であったか, さだかではないが, 2項定理を本を頼りに学んだ時であった. この定理

$$(1+x)^n = 1 + nx + \frac{n(n-1)}{2}x^2 + \cdots + x^n$$

は, n が負の整数や分数であっても成り立つという註を読んだときのことである.

私は $(1+x)^{-1}$, $(1+x)^{-2}$, $(1+x)^{\frac{1}{2}}$ などにあてはめてみた. $|x|$ が1より小さいときの注意があったので, x に $\frac{1}{10}$ などを代入し, 結果を確かめてみた. 求めたのは近似値ではあったが, よく当てはまるので, うれしくてしようがなかった.

n が正の整数のときに導いた公式が, n が負の整数や分数であっても成り立つという事実. そのとき, 私は数学の中に魔性を, 自然の中に秩序を見たような気がした.

凡夫の私にしてそうだとしたら, デカルトやライプニッツのような天才にとっては, もっと驚きであり, そこから偉大な成果が生れたとしても当然のような気がする. 彼等はルネサンス以後の科学の成果にじかに接し, 自然の秩序に思いをはせたにちがいない. デカルトにおける普遍数学の達見, ライプニッツにおける普遍学の構想は, このような驚き, それに対する畏敬の念, さらに秩序を探求して止むことのない人間精神への信仰にも似た信頼から生れたものであろう.

×　　　　　　×

2項定理を負の整数の場合へ, さらに有理数へ, もっと一般的に実数へ, 拡大適用する冒険の道を, 初等数学の杖を頼りにたどってみようというのが今回の目標である. 微分法という車を回転すれば, 完全に, しかも一気に達せられる目

標ではあるが，歩くことの意味が失われたとは思われない．杖を頼りにトボトボと歩くことによって，私たちは 200 年の昔に立ちもどることができる．その歩みは遅いが，その足は大地をふみ，こころよい感触が私たちの心をみたしてくれよう．車をとばすことを知って歩くことを忘れた人間，使うことを知って，作るよろこびを忘れかけた現代人への，ささやかなレジスタンスでもある．

×   ×

2 項定理，または 2 項展開式というのは，n が自然数のとき $(1+x)^n$ を展開した式であることは，高校で学んだ人ならば，知らないのはまれであろう．

$$(1+x)^n = {}_nC_0 + {}_nC_1 x + {}_nC_2 x^2 + \cdots + {}_nC_n x^n$$

この式の係数 ${}_nC_r$ は，n 個のものから r 個とった組合せに由来するから，このままでは，n を自然数以外へ拡張するのに適切でない．そこで，n を s にかえ，慣用にしたがって $\binom{s}{r}$ で表わすことにする．

$$\binom{s}{r} = \frac{s(s-1)\cdots(s-r+1)}{r!}$$

r は自然数だから，階乗 $r!$ は従来どおり使える．なお

$$\binom{s}{0} = 1$$

の仮定も従来どおりに保存しよう．

$$(1+x)^s = \binom{s}{0} + \binom{s}{1}x + \binom{s}{2}x^2 + \cdots$$

[1] $(1+x)^s = 1 + sx + \frac{s(s-1)}{2!}x^2 + \cdots$

この式は $s=0$ のときも $(1+x)^0 = 1$ になって成り立つ．

▨ 負の整数乗への拡張

s を負の整数へ拡張する冒険はどうか．手はじめとして $s=-1$ の場合をさぐってみる．

われわれは，無限等比級数

$$1+x+x^2+\cdots+x^n+\cdots$$

は $|x|<1$ のとき収束し，その和は $\dfrac{1}{1-x}$ になることをすでに知っている．これが有力な手がかりになるだろう．

[2]　$(1-x)^{-1}=\dfrac{1}{1-x}=1+x+x^2+\cdots$

$$(|x|<1)$$

この式は 1 を $1-x$ によって整除することによっても導かれる．しかし，この場合の整除は，頭割にではなく，しり割りと称するもので，次数の低い方から商を求める筆算である．

$$
\begin{array}{r}
1+x+x^2 \\
1-x \,)\overline{\,1} \\
\underline{1-x} \\
x \\
\underline{x-x^2} \\
x^2 \\
\underline{x^2-x^3} \\
x^3
\end{array}
$$

この計算を反復することによって

$$\frac{1}{1-x}=1+x+x^2+\cdots+x^{n-1}+\frac{x^n}{1-x} \qquad ①$$

ここで $n\to\infty$ とすると $|x|<1$ のときは $x^n\to0$ となって [2] が得られる．

さて，[2] は [1] にあてはまるであろうか．[1] の第 n 項

$$a_n=\frac{s(s-1)\cdots(s-n+2)}{(n-1)!}x^{n-1}$$

で，s に -1，x に $-x$ を代入してみると

$$\frac{(-1)(-2)\cdots(-n+1)}{(n-1)!}(-x)^{n-1}=x^{n-1}$$

あきらかに [1] にあてはまる．

ただし [1] の項の数は有限であったが，[2] の項の数は無限で，無限級数である．

×   ×

次に $s=-2$ のときはどうか．$s=-1$ の場合にならい，しり割りの整除によってみる．

$$(1-x)^{-2}=\frac{1}{1-2x+x^2}$$

$$
\begin{array}{r}
1+2x+3x^2 \\
1-2x+x^2 \overline{)\,1} \\
\underline{1-2x+x^2} \\
2x-x^2 \\
\underline{2x-4x^2+2x^3} \\
3x^2-2x^3 \\
\underline{3x^2-6x^3+3x^4} \\
4x^3-3x^4
\end{array}
$$

一般の場合を予想するのは，上の計算で十分である．

$$(1-x)^{-2}=1+2x+3x^2+\cdots+nx^{n-1}$$
$$+\frac{(n+1)x^n-nx^{n+1}}{(1-x)^2} \qquad\qquad ②$$

これも $|x|<1$ のときは，$n\to\infty$ のとき

$$(n+1)x^n\to 0,\quad nx^{n+1}\to 0$$

となるので，次の等式が得られる．

[3] $(1-x)^{-2}=1+2x+3x^2+$
$$\cdots+nx^{n-1}+\cdots \qquad (|x|<1)$$

②は①の両辺を $1-x$ によって整除しても得られるが，それは読者におまかせしよう．

　なお $(1-x)^{-2}$ は $(1-x)^{-1}\times(1-x)^{-1}$ に等しいから，[2] の式を2つ掛けることによっても求まる.

$$(1-x)^{-1}=1+x+x^2+\cdots+x^{n-1}+\cdots$$
$$(1-x)^{-1}=1+x+x^2+\cdots+x^{n-1}+\cdots$$

この積で，x^{n-1} の項は

$$1\cdot x^{n-1}+x\cdot x^{n-2}+\cdots+x^{n-1}\cdot 1=nx^{n-1}$$

となる．したがって [3] に一致する.

　しかし，ここには1つの冒険がある．[2] のような無限数列をかけてもよいものだろうかという疑問．それを気にしていては足がすすまない．展望を楽しむためには，多少の冒険は避けられない．負の整数の峠は目前なのだから….

　[3] も2項定理 [1] にあてはまるだろうか．[1] の第 n 項で，s に -2，x に $-x$ を代入してみよ.

$$\frac{(-2)(-2-1)\cdots(-2-n+2)}{(n-1)!}(-x)^{n-1}$$
$$=nx^{n-1}$$

あきらかに [1] にあてはまる．これで，s を -2 へ拡張することも済んだ.

×　　　　　　　×

　もう一息 $s=-3$ へ登るとしよう．この場合にも，2つの無限級数をかけ合せる冒険を承知の上で，$(1-x)^{-2}$ と $(1-x)^{-1}$ の展開式の積から $(1-x)^{-3}$ の展開式を導くことにする.

$$(1-x)^{-2}=1+2x+3x^2+\cdots+nx^{n-1}+\cdots$$
$$(1-x)^{-1}=1+x+x^2+\cdots+x^{n-1}+$$

　右辺の積で，x^{n-1} の係数は

$$1+2+3+\cdots+n=\frac{n(n+1)}{2}$$

したがって

[4]　$(1-x)^{-3}=1+\dfrac{2\cdot3}{2}x+\dfrac{3\cdot4}{2}x^2+$

$$\cdots+\frac{n(n+1)}{2}x^{n-1}+\cdots$$

　積を作ることによって収束域が変わらないという保証は,
いまのところないから, 上の式が $|x|<1$ のとき収束し, その
とき, 等式が成り立つのかどうかはわからない. とにかく,
形式的には, こんな等式がえられる.

　これも [1] にあてはまることは, 第 n 項の s に -3, x に
$-x$ を代入することによって確かめられる.

$$\frac{(-3)(-3-1)\cdots(-3-n+2)}{(n-1)!}(-x)^{n-1}$$
$$=\frac{n(n+1)}{2}x^{n-1}$$

　以上から類推して

$$(1-x)^{-4}=1+\frac{2\cdot3\cdot4}{3!}x+\frac{3\cdot4\cdot5}{3!}x^2+$$

$$\cdots+\frac{n(n+1)(n+2)}{3!}x^{n-1}+\cdots$$

ここまでくれば $(1-x)^{-m}$ のときどうなるかは想像がつこう.

$$(1-x)^{-m}=1+mx+$$
$$\cdots+\frac{n(n+1)\cdots(n+m-2)}{(m-1)!}x^{n-1}+\cdots$$

これも [1] で s に $-m$, x に $-x$ を代入したものである.
x を $-x$ にかえて [1] とくらべやすくしておく.

[5]　$(1+x)^{-m}=1-mx+$

$$\cdots + (-1)^{n-1} \frac{n(n+1)\cdots(n+m-2)}{(m-1)!} x^{n-1}$$
$$+ \cdots$$

以上で s を負の整数へ拡張することは済んだから, 次は分数への拡張にうつる.

▨ 分数乗への拡張

これを一般的に試みるのは至難のようにみえる から s が $\frac{1}{2}$ と $-\frac{1}{2}$ の場合を検討するに止めよう.

$(1+x)^{\frac{1}{2}}$ すなわち $\sqrt{1+x}$ は, 開平と呼ばれている筆算を知っているならば, 次数の低い項から平方根を求めればよい. しかし, 開平は知っていても, 式に試みるのは容易でなかろう. それに最近は開平そのものを知らない学生も多くなりつつある. そこで, ここでは

$$\sqrt{1+x} = a_0 + a_1 x + a_2 x^2 + \cdots$$

と展開されたものと仮定し, 両辺を平方してみる.

$$1 + x = a_0{}^2 + 2a_0 a_1 x + (2a_0 a_2 + a_1{}^2) x^2$$
$$+ (2a_0 a_3 + 2a_1 a_2) x^3 + (2a_0 a_4 + 2a_1 a_3 + a_2{}^2) x^4$$
$$+ \cdots$$

これが x の恒等式になるためには

$$a_0{}^2 = 1 \qquad\qquad ①$$
$$2a_0 a_1 = 1 \qquad\qquad ②$$
$$2a_0 a_2 + a_1{}^2 = 0 \qquad\qquad ③$$
$$2a_0 a_3 + 2a_1 a_2 = 0 \qquad\qquad ④$$
$$2a_0 a_4 + 2a_1 a_3 + a_2{}^2 = 0 \qquad\qquad ⑤$$
$$\cdots\cdots\cdots\cdots\cdots\cdots$$

① から $a_0 = \pm 1$ となるが，もとの等式で $x = 0$ とおいてみると $a_0 = 1$，これを ② に代入して $a_1 = \dfrac{1}{2}$，次に ③ から $a_2 = -\dfrac{1}{8}$，④ から $a_3 = \dfrac{1}{16}$，⑤ から $a_4 = -\dfrac{5}{128}$ したがって

$$[6] \quad (1+x)^{\frac{1}{2}} = 1 + \frac{1}{2}x - \frac{1}{8}x^2 + \frac{1}{16}x^3 - \frac{5}{128}x^4 + \cdots$$

これ以下の項がどのようになるか，さらに一般項がどうなるかを，これだけの資料によって予想するのは無理なようである．止むを得ないから，これだけでも，2項展開式 [1] にあてはまるかどうかをみよう．

x の係数はあきらか．

$$x^2 \text{ の係数} = \frac{\dfrac{1}{2}\left(\dfrac{1}{2}-1\right)}{2!} = -\frac{1}{8}$$

$$x^3 \text{ の係数} = \frac{\dfrac{1}{2}\left(\dfrac{1}{2}-1\right)\left(\dfrac{1}{2}-2\right)}{3!} = \frac{1}{16}$$

$$x^4 \text{ の係数} = \frac{\dfrac{1}{2}\left(\dfrac{1}{2}-1\right)\left(\dfrac{1}{2}-2\right)\left(\dfrac{1}{2}-3\right)}{4!}$$
$$= -\frac{5}{128}$$

求めた項に関する限りでは，ぴったりと [1] にあてはまっている．

$s = -\dfrac{1}{2}$ の場合は $(1+x)^{-\frac{1}{2}} = \dfrac{1}{(1+x)^{\frac{1}{2}}}$ だから，上で求めた式で1を整除（しり割り）して求められるが，読者の課題として残しておこう．

▨ 解析学による検証

　しつこいほど，拡張の実例をあげてみた．これで，2項展開式は，s が有理数のときに成り立つだろうとの予想は確実なものになった．有理数で成り立つなら，連続性からみて，実数のときも成り立つだろうとみるのは自然である．その上，収束域は $|x|<1$ だろうとの予想も，かなり信頼のおけるような気がする．

　しかし，以上の拡張過程にはいくつかの冒険があったから，予想の信頼性の論理的解明は残されている．

　さて，それでは現代の解析学，とはいっても，実数の範囲とすると，古典解析学の域を出ないから，現代の古典解析学と呼ぶのが適切と思うが，この数学では，どのように解明するだろうか．

×　　　　　　　×

　いま，s が実数のとき

$$(1+x)^s = a_0 + a_1 x + a_2 x^2 + a_3 x^3 + \cdots \qquad ①$$

と展開されたと仮定してみよう．この両辺を次々に微分すると

$$s(1+x)^{s-1} = a_1 + 2a_2 x + 3a_3 x^2 + \cdots$$

$$s(s-1)(1+x)^{s-2} = 2a_2 + 2 \cdot 3 a_3 x + \cdots$$

$$s(s-1)(s-2)(1+x)^{s-3} = 2 \cdot 3 a_3 + 2 \cdot 3 \cdot 4 a_4 x + \cdots$$

$$\cdots\cdots\cdots\cdots\cdots\cdots\cdots\cdots\cdots$$

これらの式の x に 0 を代入してみると

$$a_0 = 1, \quad a_1 = s, \quad a_2 = \frac{s(s-1)}{2!},$$

$$a_3 = \frac{s(s-1)(s-2)}{3!}$$

この例から, 一般に $a_n=\begin{pmatrix} s \\ n \end{pmatrix}$ となることがわかる. そこで

[7] $\quad (1+x)^s = 1 + \begin{pmatrix} s \\ 1 \end{pmatrix} x + \begin{pmatrix} s \\ 2 \end{pmatrix} x^2 +$

$$\cdots + \begin{pmatrix} s \\ n \end{pmatrix} x^n + \cdots$$

以上の誘導過程には, 2種の冒険がある. その1つは, ①のように展開されるという仮定, もう1つは, ①のような級数に関する等式の両辺を微分すること.

条件文 $p \to q$ が真であったとしても, p が偽ならば, q の真偽は定まらない. したがって, 以上のように, 真偽不明の仮定から出発しては, [7] の真偽は不明である.

さて, それでは, [7] の真偽を解明する策はなにか. 2,3 の予備知識を補いながら, 目的へ肉迫することにする.

× ×

①の右辺のような級数, すなわち

$$a_0 + a_1 x + a_2 x^2 + \cdots + a_n x^n + \cdots \qquad ②$$

を, **整級数**または**べき級数**という.

整級数②では, 次の条件をみたす $r(0 \leqq r \leqq \infty)$ が一意に定まることが知られている.

(i) $|x|<r$ ならば② は絶対収束する.

(ii) $|x|>r$ ならば② は収束しない.

これは存在定理と称するものに属し, この定理によって定まる1つの r を**収束半径**といい, 区間 $\{x|\ |x|<r\}$ を**収束域**というのである.

たとえば等比級数 $1+x+x^2+\cdots$ の収束半径は 1 で, 収束域は区間 $(-1,1)$ である.

上の定理は $|x|=r$ の場合について何も触れていない. こ

のとき，級数は収束することも，収束しないこともあり，そ
れは級数を具体的に与えられてはじめて定まるものだからで
ある．

　なお，**絶対収束**とは，②の各項の絶対値をとって作った数
列

$$|a_0|+|a_1x|+|a_2x^2|+\cdots$$

が収束する意味で，もちろん，このときもとの数列も収束す
る．

×　　　　　　　×

　上の定理は存在定理であって，収束半径 r の存在を保証す
るが，r の求め方については無力である．

　r の求め方に関する定理は種々あるが，それらのうち，こ
れから必要なのは次の定理である．

　整級数 ② において

$$a_n \neq 0, \quad \lim_{n \to \infty}\left|\frac{a_n}{a_{n+1}}\right| = r$$

ならば，r は収束半径である．

　証明はやさしいが，専門書にゆずり，級数

$$1+\binom{s}{1}x+\binom{s}{2}x^2+\cdots+\binom{s}{n}x^n+\cdots \qquad ③$$

に応用してみると

$$\lim_{n \to \infty}\left|\frac{a_n}{a_{n+1}}\right| = \lim_{n \to \infty}\frac{n+1}{|s-n|} = 1$$

となって，③ の収束半径は 1 であることがわかる．

×　　　　　　　×

　上の定理を用いると，第 3 の予備知識として，収束する整
級数の微分に関する定理が導かれる．

　整級数 $g(x)=a_0+a_1x+a_2x^2+\cdots$ は，収束域において微

分可能であって，しかも

$$g'(x) = a_1x + 2a_2x + 3a_3x^2 + \cdots$$

となり，この収束域はもとの級数に等しい．

この定理から，$f(x)$ は何回でも微分可能なことになり，応用の道の広いことがわかる．

×　　　　　×

さて，いよいよ，最後の仕上げとして，級数⑧は $(1+x)^s$ に等しいことを証明する番がまわってきた．

⑧の収束半径は 1 であったから，⑧は収束域$(-1, 1)$ において，微分可能で，かつ収束域もかわらない．そこで⑧の式を $f(x)$ とおくと

$$f'(x) = \binom{s}{1} + 2\binom{s}{2}x + \cdots + n\binom{s}{n}x^{n-1} + \cdots$$
$$(|x| < 1) \qquad\qquad ④$$

目標は $|x| < 1$ のとき

$$f(x) = (1+x)^s \quad すなわち \quad \frac{f(x)}{(1+x)^s} = 1$$

が成り立つことの証明．それには，上の式を $F(x)$ とおくと，まず

$$F'(x) = 0$$

を示すことが必要である．そこで $F(x)$ を微分してみると

$$F'(x) = \frac{f'(x)(1+x) - sf(x)}{(1+x)^{s+1}}$$

この分子が0になることを示せばよい．それには $sf(x)$ はかきかえると $f'(x)(1+x)$ になることを示せばよい．

高校で習った等式

$$\binom{s}{n} = \binom{s-1}{n} + \binom{s-1}{n-1} \quad (n \geqq 1)$$

は，s が任意の実数のとき成り立つことをは容易に証明できるから，これを $sf(x)$ に用いると

$$sf(x)=s+\sum_{n=1}^{\infty} s\binom{s-1}{n}x^n+\sum_{n=1}^{\infty} s\binom{s-1}{n-1}x^n$$

$$=\binom{s}{1}+\sum_{n=1}^{\infty}(n+1)\binom{s}{n+1}x^n+\sum_{n=1}^{\infty}n\binom{s}{n}x^n$$

$$=\binom{s}{1}+\sum_{n=0}^{\infty}(n+1)\binom{s}{n+1}x^n+x\sum_{n=0}^{\infty}n\binom{s}{n}x^{n-1}$$

$$=f(x)+xf(x)=f(x)(1+x)$$

したがって $F'(x)=0$ だから $F(x)=c$ となり，$F(x)$ は区間 $(-1, 1)$ で定数になる．ところが，一方 $F(0)=\dfrac{f(0)}{(1+0)^s}=\dfrac{1}{1}=1$ であるから

$$F(x)=1$$

$$\therefore\quad f(x)=(1+x)^s\quad(|x|<1)$$

以上によって，$|x|<1$ のとき

$$(1+x)^s=1+\binom{s}{1}x+\binom{s}{2}x^2+$$

$$\cdots+\binom{s}{n}x^n+\cdots$$

はすべての実数について成り立つことが，論理的に解明された．

×　　　　　×

このように，論理の間に，論理の飛躍を認めることによって，新しい知識は予想され，その知識は飛躍を認めない論理の連鎖によって正しいかどうか検証され，確実な知識が生産される．過保護の教育は子供や学生から冒険のチャンスをうばい，創造の芽をつまなければ幸である．

著者紹介：

石谷 茂（いしたに・しげる）

大阪大学理学部数学科卒

主　書　教科書にない高校数学
　　　　初めて学ぶトポロジー
　　　　大学入試　新作数学問題 100 選
　　　　∀と∃に泣く
　　　　$\varepsilon - \delta$ に泣く
　　　　Max と Min に泣く
　　　　Dim と Rank に泣く
　　　　2 次行列のすべて
　　　　入門入門群論
　　　　エレガントな入試問題解法集　上・下　（以上 現代数学社）

復刊　無限大の魔術 —— 数学の芸術性

2019 年 5 月 25 日　　　初版 1 刷発行

検印省略

著　者　　石谷　茂
発行者　　富田　淳
発行所　　株式会社　現代数学社
〒 606-8425 京都市左京区鹿ヶ谷西寺ノ前町 1
TEL 075 (751) 0727　　FAX 075 (744) 0906
http://www.gensu.co.jp/

装　幀　　中西真一（株式会社CANVAS）

印刷・製本　有限会社ニシダ印刷製本